写给设计师的书

TO DESIGNER

珠宝首饰
设计手册

李　芳　编著

清华大学出版社
北　京

<h1 style="text-align:center">内 容 简 介</h1>

这是一本全面介绍珠宝首饰设计的图书，特点是知识易懂、案例趣味、动手实践、发散思维。

本书从学习珠宝首饰设计的基础知识入手，由浅入深地为读者呈现出一个个精彩实用的知识、技巧。本书共分为 7 章，内容分别为珠宝首饰设计的原理、珠宝首饰设计的基础知识、珠宝首饰设计的基础色、珠宝首饰的材料类型、珠宝首饰的镶嵌工艺、珠宝首饰的搭配设计、珠宝首饰设计的秘籍。本书还在多个章节中安排了设计理念、色彩点评、设计技巧、配色方案、佳作欣赏等经典模块，丰富结构的同时，也增强了实用性。

本书内容丰富、案例精彩、版式设计新颖，不仅适合珠宝首饰设计师、初级读者学习使用，而且可以作为大、中专院校珠宝首饰设计及珠宝首饰设计培训机构的教材，也非常适合喜爱珠宝首饰设计的读者朋友作为参考用书。

图书在版编目 (CIP) 数据

珠宝首饰设计手册 / 李芳编著 . —北京：清华大学出版社，2020.7
（写给设计师的书）
ISBN 978-7-302-55926-9

Ⅰ . ①珠…　Ⅱ . ①李…　Ⅲ . ①宝石—设计—手册②首饰—设计—手册　Ⅳ . ① TS934.3-62

中国版本图书馆 CIP 数据核字 (2020) 第 116054 号

责任编辑：韩宜波
封面设计：杨玉兰
责任校对：李玉茹
责任印制：沈　露

出版发行：清华大学出版社
　　　　　网　　　址：http://www.tup.com.cn, http://www.wqbook.com
　　　　　地　　　址：北京清华大学学研大厦 A 座　　　　邮　　编：100084
　　　　　社 总 机：010-62770175　　　　　　　　　　　邮　　购：010-62786544
　　　　　投稿与读者服务：010-62776969, c-service@tup.tsinghua.edu.cn
　　　　　质量反馈：010-62772015, zhiliang@tup.tsinghua.edu.cn
印 装 者：涿州汇美亿浓印刷有限公司
经　　销：全国新华书店
开　　本：190mm×260mm　　　印　张：10.5　　　字　数：225 千字
版　　次：2020 年 8 月第 1 版　　　印　次：2020 年 8 月第 1 次印刷
定　　价：69.80 元

产品编号：085131-01

前言
FOREWORD

本书是笔者多年对从事珠宝首饰设计工作的一个总结，是让读者少走弯路、寻找设计捷径的经典手册。书中包含了珠宝首饰设计必学的基础知识及经典技巧。身处设计行业，你一定要知道，光说不练假把式，本书不仅有理论、精彩案例赏析，还有大量的模块启发你的大脑，锻炼你的设计能力。

希望读者看完本书后，不只会说"我看完了，挺好的，作品好看，分析也挺好的"，这不是笔者编写本书的目的。希望读者会说"本书给我更多的是思路的启发，让我的思维更开阔，学会了设计的举一反三，知识通过吸收消化变成自己的"，这是笔者编写本书的初衷。

本书共分 7 章，具体安排如下。

第 1 章 珠宝首饰设计的原理，介绍什么是珠宝首饰设计、珠宝首饰设计中的点线面、珠宝首饰设计中的元素。

第 2 章 珠宝首饰设计的基础知识，介绍了珠宝首饰设计色彩、珠宝首饰设计布局、视觉引导。

第 3 章 珠宝首饰设计的基础色，逐一分析红、橙、黄、绿、青、蓝、紫、黑、白、灰 10 种颜色，讲解每种色彩在珠宝首饰设计中的应用规律。

第 4 章 珠宝首饰的材料类型，其中包括 10 种常见的珠宝首饰材料类型。

第 5 章 珠宝首饰的镶嵌工艺，其中包括 10 种常见的镶嵌工艺。

第 6 章 珠宝首饰的搭配设计，其中包括 7 类常见珠宝首饰搭配。

第 7 章 珠宝首饰设计的秘籍，精选 14 个设计秘籍，让读者轻松、愉快地学完最后的部分。本章也是对前面章节知识点的巩固和理解，需要读者动脑思考。

本书特色如下。

◎ 轻鉴赏，重实践。鉴赏类书只能看，看完自己还是设计不好，本书则不同，增加了多个色彩点评、配色方案模块，让读者边看、边学、边思考。

◎ 章节合理，易吸收。第 1~3 章主要讲解珠宝首饰设计的基本知识，第 4~6 章介绍材料类型、镶嵌工艺、搭配设计，最后一章以轻松的方式介绍 14 个设计秘籍。

◎ 设计师编写，写给设计师看。针对性强，而且知道读者的需求。

◎ 模块超丰富。设计理念、色彩点评、设计技巧、配色方案、佳作欣赏在本书都能找到，一次性满足读者的求知欲。

◎ 本书是系列图书中的一本。在本系列图书中读者不仅能系统学习珠宝首饰设计，而且可以从更多的设计专业书籍中进行选择。

希望本书通过对知识的归纳总结、趣味的模块讲解，打开读者的思路，避免一味地照搬书本内容，推动读者自行多做尝试、多理解，增加动脑、动手的能力；激发读者的学习兴趣，开启设计的大门，帮助你迈出第一步，圆你一个设计师的梦！

本书由李芳编著，其他参与编写的人员还有董辅川、王萍、孙晓军、杨宗香。

由于编者水平有限，书中难免存在错误和不妥之处，敬请广大读者批评和指正。

编　者

目录

第4章 CHAPTER4
P.59
珠宝首饰的材料类型

第5章

CHAPTER5

P / 90

珠宝首饰的镶嵌工艺

第6章
CHAPTER6
P/121
珠宝首饰的搭配设计

第7章
CHAPTER7
P/143
珠宝首饰设计的秘籍

第 1 章 珠宝首饰设计的原理

现如今，珠宝首饰已经不仅仅是女性消费者的专利，商家也会更多地为男性消费者设计适合他们的珠宝首饰装饰元素，人们通过各种不同类型、不同风格的珠宝首饰的佩戴，与所穿衣物相结合，并以此提升整体造型的美感。

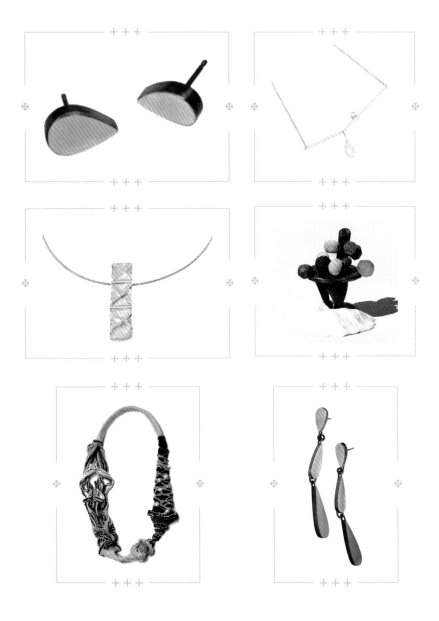

1.1 珠宝首饰设计

　　珠宝首饰设计是一种隶属于应用美术设计范围的，利用图纸对创作的样式以及理念进行展现，并通过各种建造手段具体实现，具有装饰和点缀效果的常见设计元素。

　　珠宝首饰设计技巧：

　　"美感"二字是珠宝首饰设计所呈现的主体意义所在，在珠宝首饰设计的过程中，如何将元素合理地呈现，如何通过元素的呈现以及元素与元素之间的组合搭配使整体效果看上去更加美观、时尚，如何提升受众的穿戴体验，提升元素的购买率，这些因素的实现都与"技巧"二字密不可分。

　　以人为本：人是珠宝首饰元素的主要受众，因此在制作的过程中，要时刻遵循以人为本的设计理念，方便受众、衬托受众，为受众带来更好的穿搭体验。

　　元素的多元化：珠宝首饰元素的制作与呈现方式是千变万化的，即使是一个相对较小的元素，也可以针对材质、样式和比例的对比等因素使珠宝首饰设计看上去更加多元化。

　　利用面积占比抓住主要视线：在珠宝首饰设计当中，所占面积的大小能够对该元素是否更加抢眼起到决定性的作用，这主要是由于珠宝首饰展示元素的总体面积较小，因此在制作的过程中我们可以通过面积的对比来突出主体元素，使其能够瞬间抓住受众的眼球，而所占面积较小的元素可以作为衬托物，丰富元素所呈现的视觉效果。

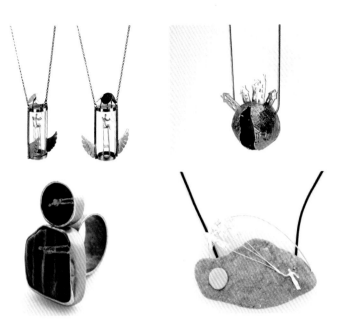

不同类型的镶嵌手法：在珠宝首饰设计当中，对于珠宝的镶嵌手法多种多样，不同的镶嵌手法所起到的作用是各不相同的，有的是为了将元素进行统一展现，从而使元素看上去更加和谐统一，呈现出密集而又饱满的装饰效果；而有的则是采用"众星捧月"式的镶嵌手法，为了使单个元素更好地呈现在受众眼前，将中心元素作为主体物重点突出。但不论是何种镶嵌方式，都各有利弊，因此在设计的过程中，要将元素的材质、大小、风格，以及想要获得的呈现效果等因素结合考虑。

1.2 珠宝首饰设计中的点线面

点、线、面是相对于其他元素而言抽象而又简单的造型元素，每当我们提起这三种元素，总会联想到"点动成线、线动成面、面动成体"，然而这三种元素总是相对而言的，将不同形式的点、线、面综合运用，可以创造出无限的可能。

珠宝首饰设计中的点："点"在所有设计元素中，相对而言是最小的一种，而对于珠宝首饰设计而言，我们可将点元素分为单独呈现的点和相对聚集的点，前者在珠宝首饰设计中，更容易成为整体元素的视觉中心，将受众的目光聚集于此，从而起到重点元素重点突出的作用；而相对聚集的点能够扩大展示面积和装饰效果，使元素看上去低调却不平庸。

珠宝首饰设计中的线：线条元素在珠宝首饰设计当中的应用十分广泛，我们可通过外形大致将线条分为长与短、粗与细、曲与直、间隔和连续等因素进行对比，通过线条元素的呈现使珠宝首饰的装饰效果看上去更加流畅，增强元素在呈现过程中的美感。

珠宝首饰设计中的面："面"是与"点"性质相似的装饰元素，不论是在珠宝首饰设计还是其他设计元素当中，面的定义总是相对而言的，常与点形成鲜明对比，由于其所占面积较大，从而更容易吸引受众的注意力，形成较大的视觉冲击力。

1.3 珠宝首饰设计中的元素

在设计的过程中，珠宝首饰设计要将元素整体与局部的色彩搭配、元素搭配的布局与材料、制作过程中留白的艺术效果和镂空的人性化设计方案、佩戴媒介、展示纹路和设计风格综合运用，采用多方位、多元化的设计技巧，制作出既美观又便于佩戴的装饰元素。

色彩：色彩是最直接且有力的装饰元素，能够直击消费者的内心，轻易地奠定装饰元素的风格与情感基调，便于人们在选择搭配方案时快速地作出选择。在珠宝首饰设计中，我们可大致将色彩分为冷色色调、暖色色调与无彩色系，不同类型的颜色所呈现出的风格和装饰效果各不相同，因此我们在设计的过程中，可以根据色彩的搭配风格来选择其他应用元素。

布局：珠宝首饰中的布局是指具有各种不同作用与装饰效果的元素所摆放的位置，而每一个不同的位置所起到的作用和获得的装饰效果也各有差别。因此在设计的过程中，可以根据想要呈现的主体要素将多种展示元素进行合理搭配。

材料：在珠宝首饰设计的过程当中，不同类型的材料能够直接影响到元素的呈现效果与装饰风格，例如：钻石的应用能够使元素更加精致、高贵，贝壳的应用能够使佩戴效果回归自然，金、银等材质的应用能够创造出简约而又时尚的装饰效果，因此我们可以根据自己想要表达的主题与风格进行合理选择。

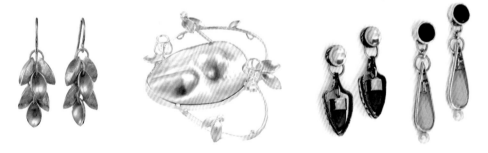

留白与镂空：随着装饰元素的不断发展，镂空效果已经被广泛应用在珠宝首饰设计当中，本着距离产生美的设计理念，在元素与元素之间留出足够的空间，能够使元素的呈现更加饱满完整，或是在设计的过程中留出镂空效果，既方便消费者的佩戴，又可以增强元素的透气效果。

媒介：人与珠宝首饰之间需要通过一个媒介进行佩戴，我们既可以将媒介理解为元素的承载物，也可以将其理解为主体物的背景元素，简约而不简单，是珠宝首饰设计中必不可少的一种元素。

纹路：纹路是材质中所带有的自然而又充满艺术效果的装饰纹理，是一种既丰富又低调的装饰元素，它的存在可以使装饰效果更加丰富饱满。

第2章 珠宝首饰设计的基础知识

珠宝首饰设计是一种具有装饰和使用作用的元素，但在设计的过程中不是一味地将元素进行叠加、摆设，而是要通过一些设计的基础知识和技巧，将多种元素巧妙地结合起来，以获得实用和美观的多元化装饰效果。

珠宝首饰设计的设计要素如下。

◆ 珠宝首饰设计中的色彩：色彩在珠宝首饰设计中有着先声夺人的重要作用，它的运用能够丰富元素展现的视觉效果，轻松容易地创造出元素的展示风格。在设计的过程中，要注意遵循色彩搭配的基本原理，通过合理的搭配创造出和谐、百搭、时尚而又前卫的装饰元素。

◆ 珠宝首饰设计中的布局：珠宝首饰设计中的布局是指在将元素进行合理陈列的基础上，打造合理化、美观化的装饰效果。

◆ 视觉引导：珠宝首饰设计中的视觉引导可以引导受众在欣赏作品时的视觉流程，通过元素的对比效果来突出重点展示元素，以此与受众产生共鸣。

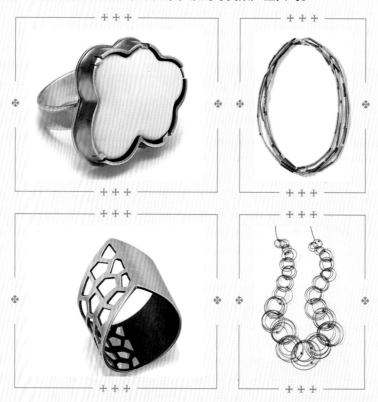

2.1　珠宝首饰设计的色彩

在任何一种设计元素当中，色彩都是具有联想性的装饰元素，每一种不同的色彩对于具有不同社会经验、生活经验以及不同年龄段和性别的人都有着不同的意义，它们的呈现会使受众产生不同的情绪和心理效应，因此色彩的应用对于珠宝首饰设计来讲很容易与受众产生情感共鸣，使整个元素更容易激发受众的好奇心，吸引其注意力。

在设计中，我们大致可将色彩分为冷与暖的对比、轻与重的对比、进与退的对比和面积的对比。

2.1.1　珠宝首饰设计中的冷色调和暖色调

色彩的冷、暖色调是指在珠宝首饰设计当中，通过色彩的呈现为受众带来的视觉上的刺激，使人产生或冷、或暖的视觉感受。通常情况下，我们可将绿色色调、青色色调和蓝色色调作为冷色，在设计的过程中，通过冷色调营造出一种清澈而又纯净的视觉效果；而红色色调、橙色色调和黄色色调通常情况下被定义为暖色，通过暖色调的运用能够获得温暖、浪漫、甜美等视觉效果。

珠宝首饰设计手册

冷色调的珠宝首饰设计赏析：

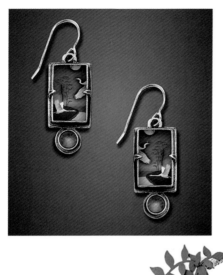

暖色调的珠宝首饰设计赏析：

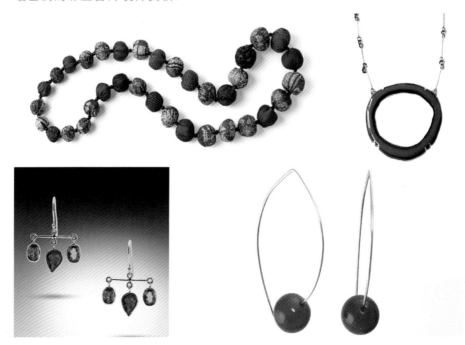

2.1.2　珠宝首饰设计中色彩的"轻""重"感

色彩的明度是指一种色彩的明暗程度。通常情况下，我们可以通过色彩的明度来判断色彩的轻重感。明度较高的色彩更加鲜亮、轻薄，因此更容易呈现出"轻"的视觉效果；而明度较低的色彩看上去更加沉稳、厚重，因此更容易营造出"重"的视觉效果。

视觉效果"轻"的珠宝首饰设计赏析：

视觉效果"重"的珠宝首饰设计赏析：

 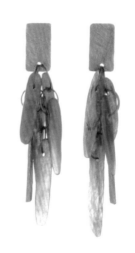

2.1.3 珠宝首饰设计中色彩的"进""退"感

在珠宝首饰设计当中，色彩的"进""退"感总是相对而言的，而我们可以通过色彩的明度和色调来判断色彩的"进"与"退"。低明度或冷色调的色彩看上去更加平和、沉静，更容易产生后退的视觉感受；而高明度或是暖色调的色彩看上去更加鲜活抢眼，因此更容易产生前进的视觉感受。

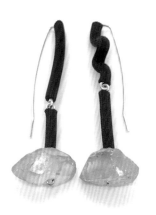

2.1.4 珠宝首饰设计中色彩的面积对比

在珠宝首饰设计中，面积的对比效果是相对而言的，所占面积较大的色彩更容易奠定元素的情感基调，掌控元素的主体风格；而所占面积较小的色彩则能够起到点缀与装饰的作用，将视觉主题升华。

面积对比的珠宝首饰设计赏析：

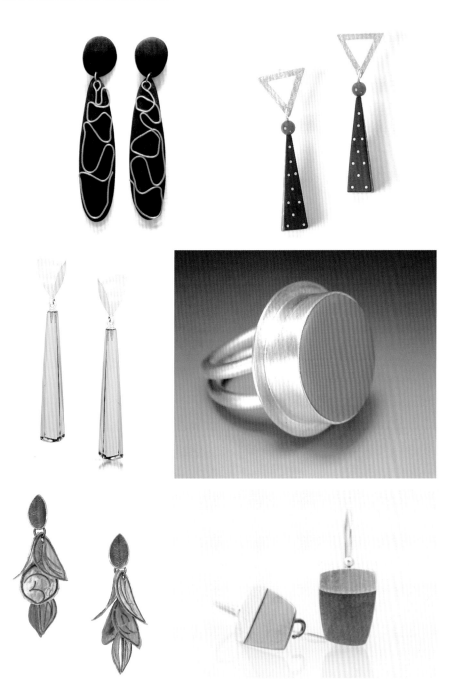

2.2 珠宝首饰设计布局

　　一个好的布局方式是珠宝首饰设计的重要步骤之一，它既能够帮助受众更快地区分和识别展示元素的主次，又能够增强元素的设计感，使装饰效果看上去更加丰富饱满。而在设计的过程中，我们可以将布局方式分为直线型、曲线型、独立型和图案型四种方式。不同的布局方式所营造出的视觉效果也是各不相同的。

2.2.1 珠宝首饰设计中的直线型布局

直线型：直线型的布局方式是将珠宝首饰中所应用的各种元素以一条或多条直线的形式进行陈列，规整而又流畅，简洁却不乏设计感，使装饰效果看上去更加轻松愉快。

直线型珠宝首饰设计布局赏析：

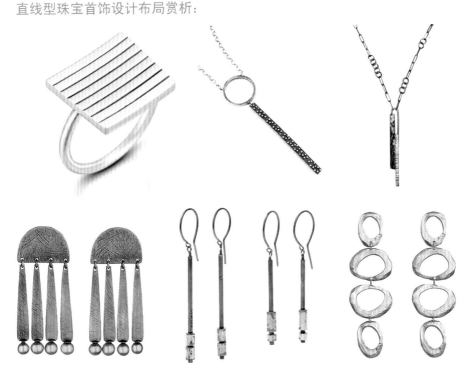

2.2.2 珠宝首饰设计中的曲线型布局

曲线型：将曲线型的布局方式应用于珠宝首饰设计当中，我们可以通过调整曲线的弯曲程度来修改元素呈现的视觉效果。通常情况下我们将曲线的弯曲程度称之为曲率，曲率越大，曲线弯曲的程度就越大，线条所营造出的视觉效果就更加活跃、生动，更富有变化感。反之，曲率越小，曲线弯曲的程度就越小，装饰元素就更加柔和、平稳。

曲线型珠宝首饰设计布局赏析：

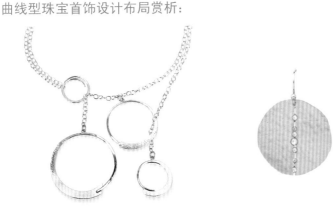

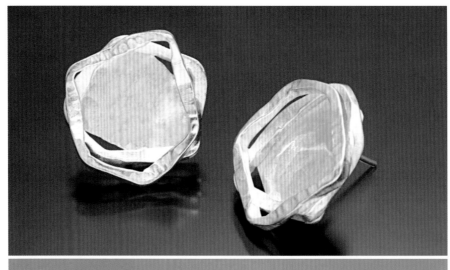

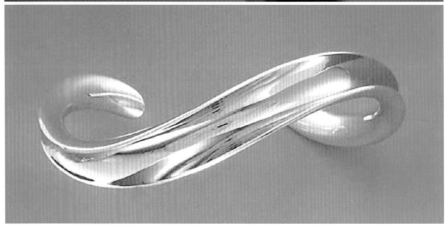

2.2.3 珠宝首饰设计中的独立型布局

独立型：在珠宝首饰设计当中，独立型的布局方式更容易将单个元素突出展示，使元素的呈现效果更具个性化，也更容易抓住受众的眼球，使其快速地成为视觉中心。

独立型珠宝首饰设计布局赏析：

2.2.4　珠宝首饰设计中的图形形式布局

图形：图形本身是一种具有较强识别性的装饰性元素，如果将其应用于珠宝首饰的设计当中，可以使装饰的效果更加丰富立体，增强元素的设计感。

图形式珠宝首饰设计布局赏析：

2.3　视觉引导

珠宝首饰设计中的视觉引导是指通过元素的合理呈现来引导受众的视线，让受众能够快速地区分展示元素的主与次，并通过元素的搭配效果使元素与元素之间相辅相成，互相衬托。

2.3.1　色彩对比

　　在珠宝首饰设计当中，色彩的对比效果是一种简洁而又有力的说明性装饰元素，鲜活而又明确，若将其作为视觉引导元素加以运用，既能够丰富元素的装饰效果，又能够很好地突出主次关系，一举两得。

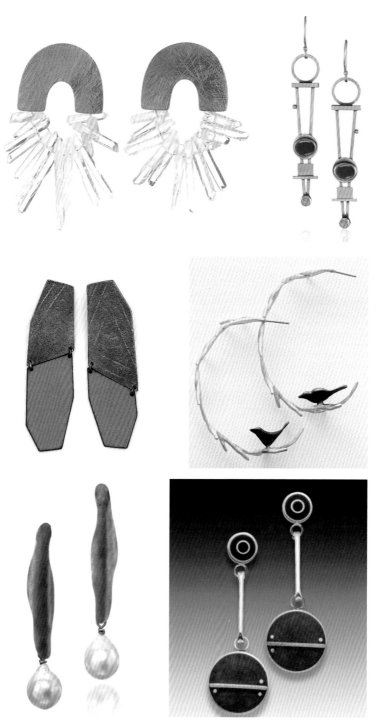

在珠宝首饰设计当中，不论是相同元素还是不同的元素，都可以通过大与小的对比来进行视觉引导，通过元素所占面积的对比抓住受众眼球，使想要传达的信息更加明确。

第3章 珠宝首饰设计的基础色

色彩对于时尚的影响尤为重要。对于一件珠宝首饰而言，最先映入受众眼帘的是有着先声夺人作用的整体色彩效果，其次才是款式、种类和大小等因素。较差的色彩搭配会影响到珠宝首饰的呈现效果，相反，选用适当且美观的色彩进行搭配，不仅能够提升整体效果的美观度，同时也能提升珠宝的总体价值。

在设计的过程中，我们可大致将珠宝首饰的色彩分为红、橙、黄、绿、青、蓝、紫、黑、白、灰。不同的色彩所营造出的色彩效果与风格各不相同。

◆ 注重天然色彩的呈现与展示。
◆ 注重色彩比例的调和。

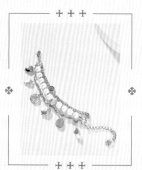

3.1 红

3.1.1 认识红色

红色：红色是可见光谱中长波末端的颜色，鲜艳而又活跃，在珠宝首饰设计中，红色往往被赋予爱情与浪漫的双重定义，美艳而又尊贵。

色彩情感：热情、浪漫、高雅、时尚、光辉、仁爱、乐观、热烈、美满、和谐。

洋红 RGB=207,0,112 CMYK=24,98,29,0	胭脂红 RGB=215,0,64 CMYK=19,100,69,0	玫瑰红 RGB= 30,28,100 CMYK=11,94,40,0	朱红 RGB=233,71,41 CMYK=9,85,86,0
鲜红 RGB=216,0,15 CMYK=19,100,100,0	山茶红 RGB=220,91,111 CMYK=17,77,43,0	浅玫瑰红 RGB=238,134,154 CMYK=8,60,24,0	火鹤红 RGB=245,178,178 CMYK=4,41,22,0
鲑红 RGB=242,155,135 CMYK=5,51,41,0	壳黄红 RGB=248,198,181 CMYK=3,31,26,0	浅粉红 RGB=252,229,223 CMYK=1,15,11,0	博朗底酒红 RGB=102,25,45 CMYK=56,98,75,37
威尼斯红 RGB=200,8,21 CMYK=28,100,100,0	宝石红 RGB=200,8,82 CMYK=28,100,54,0	灰玫红 RGB=194,115,127 CMYK=30,65,39,0	优品紫红 RGB=225,152,192 CMYK=14,51,5,0

21

3.1.2　洋红 & 胭脂红

① 这是一款以"猫头鹰"为主题的戒指设计。
② 洋红色是一种浪漫而又灵动的色彩，将其装饰戒指，可使戒指看上去更加高雅、梦幻。
③ 选用 18K 金，采用背后闭合式爪镶的包镶方式，将琢面宝石进行固定，钻石与金属材质交相呼应，戒圈采用凸起的铆钉进行装饰，打造前卫与细节并存的时尚单品。

① 这是一款耳环的设计作品。
② 胭脂红是一种浪漫而又热情的色彩，将其与无彩色系中的黑色和白色这对极具艺术效果的对比色进行搭配，作为点缀色，是整体设计效果的点睛之笔，打造前卫生动的装饰效果。
③ 以左右对称的形式进行设计，搭配圆形的造型效果，使其更具个性化。

3.1.3　玫瑰红 & 朱红

① 这是一款吊式耳环的设计作品。
② 玫瑰红是一种浪漫而又热情的色彩，将耳环整体设置为高饱和度的玫瑰红色，可以营造出耀眼夺目的装饰效果。
③ 手绘黄铜材质搭配修长的造型，尽显女性的优雅与性感。

① 这是一款珍珠项链的设计作品。
② 将高饱和度的朱红色应用于珠宝设计当中，使整体效果更加美艳活跃，与青色和金属光泽相搭配，打造美艳且具有一丝复古气息的装饰效果。
③ 将镀金金属、绿松石、翡翠、水晶和淡水珍珠元素进行结合，打造优雅珍贵的珠宝首饰作品。

3.1.4 鲜红 & 山茶红

❶ 这是一款钻石戒指的设计作品。

❷ 以鲜红色为主色，热情而又大胆的色彩使整个元素看上去更加活泼俏皮。

❸ 以心形为主体的设计元素，通过分层和堆叠的方式，将金银币、搪瓷金属和钻石结合在一起，通过简单的造型传递出热烈而又鲜活的情感。

❶ 这是一款耳环的设计作品。

❷ 山茶红是一种温和而又雅致的色彩，将其作为耳环的主色调，更能衬托出佩戴者的温柔与知性之美。

❸ 微小的内凹造型所形成不对称性，使耳环的整体造型更具趣味感。

3.1.5 浅玫瑰红 & 火鹤红

❶ 这是一款项链的设计作品。

❷ 浅玫瑰红是一种温和优雅的色彩，将其作为整体元素的点缀色，可使整体的造型效果得到升华。

❸ 将吊坠设置成奔跑的小狗，以红宝石作为装饰元素，并配以纯色的钻石进行点缀，打造出活跃且富有动感的装饰效果。

❶ 这是一款耳环的设计作品。

❷ 选用火鹤红色的主体物作为耳环的主色调，与玫瑰金色搭配，打造出精美而又梦幻的柔和效果。

❸ 作品以"雪花"为创作主题，选用碧玺材质，营造出低调而又梦幻的光泽，并在环形的四周设置小颗的纯色钻石进行点缀，既与主题相互呼应，又起到了美妙的装饰效果。

3.1.6 鲑红 & 壳黄红

① 这是一款吊饰耳环的设计作品。

② 鲑红色是一种内敛而又温和的色彩，将其应用于珠宝首饰设计当中，可尽显佩戴者的优雅、知性气质。

③ 用金属将经过细致雕琢的石英和拉长石进行连接，链式的珠宝，会随着身体的节奏而跃动。

① 这是一款吊式耳环的设计作品。

② 将主体色选为壳黄红色，清新淡然、柔和甜蜜，淡淡的渐变效果使作品极具艺术特色。

③ 14K 镀金黄铜沿着立方氧化锆和孔雀石的轮廓进行包镶，完美贴合，通过小的曲率可以打造出更具知性美的装饰效果。

3.1.7 浅粉红 & 博朗底酒红

① 这是一款订婚戒指的设计作品。

② 浅粉红色的玫瑰金戒圈甜美而又浪漫，与灰色的钻石搭配，打造出优雅的贵族之美。

③ 经过抛光和细致雕琢的灰色钻石通过爪镶的方式被镶嵌在内部，周围被渐变大小的钻石呈对称形所包围。为了使整体造型的外观更加华丽，采用七颗钻石以弧形的方式对造型进行点缀，获得了优雅而又独特的视觉效果。

① 这是一款耳坠的设计作品。

② 低明度的博朗底酒红具有浓郁的复古气息，将其应用到珠宝首饰设计当中，尽显佩戴者的华贵、沉稳与大气。

③ 该元素采用黄铜和树脂材质，以圆环和球体为主要的设计元素，环环相扣，使其会随着身体的节奏而跃动。

3.1.8 威尼斯红 & 宝石红

① 这是一款耳环的设计作品。

② 作品以威尼斯红为主色调，高明度和高纯度的色彩可使佩戴者获得热情而又充满活力的装饰效果。

③ 耳环由银色耳线和填充有色树脂的铝制表圈制成。小巧精致的圆形造型轻巧而又俏皮。

① 这是一款管圈耳环的设计作品。

② 高饱和度的宝石红是一种鲜活而又浪漫的色彩，将其与银色的金属光泽搭配，打造出浓郁而又鲜活的装饰效果。

③ 简约的样式与塑料黄铜材质搭配，打造出大气时尚的装饰元素。

3.1.9 灰玫红 & 优品紫红

① 这是一款手链的设计作品。

② 不透明的高纯度灰玫红色石英材质与金色搭配，可以获得时尚精致却不失温和与宁静的色彩效果。

③ 14K 镀金黄铜手链以链式的形式进行设计，末尾端设有圆环、三角形和直线作为嵌套和装饰元素，符合现代化的审美观念，增强了元素的设计美感。

① 这是一款发条吊坠项链的设计作品。

② 优品紫红是一种柔和、清新却又不失时尚的色彩，将其作为项链的主色调，能够营造出甜美而又优雅的装饰效果。

③ 以雏菊为设计元素，将彩色施华洛世奇水晶作为中心点，并将较小的水晶环绕在四周，优雅浪漫。通过浓郁和淡雅的色彩变化和大小的对比使其主次更加分明。

3.2 橙色

3.2.1 认识橙色

橙色：橙色是一种介于红色与黄色之间的色彩，其既有红色的热情，又有黄色的鲜活，在珠宝首饰设计当中常常会被赋予尊贵与美艳的色彩情感。

色彩情感：温暖、光辉、甜美、尊贵、活力、浓烈、财富、庄重、高尚。

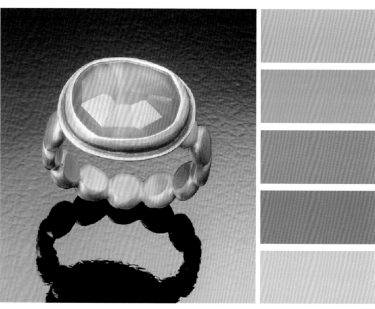

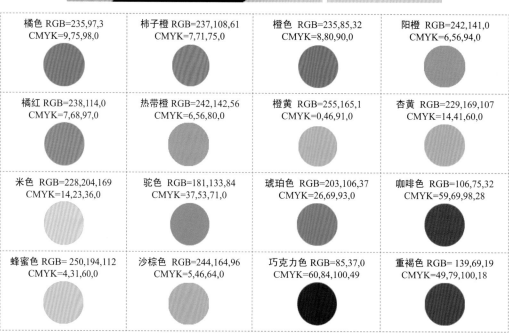

橘色 RGB=235,97,3
CMYK=9,75,98,0

柿子橙 RGB=237,108,61
CMYK=7,71,75,0

橙色 RGB=235,85,32
CMYK=8,80,90,0

阳橙 RGB=242,141,0
CMYK=6,56,94,0

橘红 RGB=238,114,0
CMYK=7,68,97,0

热带橙 RGB=242,142,56
CMYK=6,56,80,0

橙黄 RGB=255,165,1
CMYK=0,46,91,0

杏黄 RGB=229,169,107
CMYK=14,41,60,0

米色 RGB=228,204,169
CMYK=14,23,36,0

驼色 RGB=181,133,84
CMYK=37,53,71,0

琥珀色 RGB=203,106,37
CMYK=26,69,93,0

咖啡色 RGB=106,75,32
CMYK=59,69,98,28

蜂蜜色 RGB=250,194,112
CMYK=4,31,60,0

沙棕色 RGB=244,164,96
CMYK=5,46,64,0

巧克力色 RGB=85,37,0
CMYK=60,84,100,49

重褐色 RGB=139,69,19
CMYK=49,79,100,18

3.2.2　橘色 & 柿子橙

① 这是一款项链吊坠的设计作品。

② 橘色是一种热情而又温馨的色彩，将其作为作品的主色调，并与黑色搭配，使作品整体更具强烈的视觉感染力。

③ 以鸽子和橄榄叶的图案为主要设计元素，轻巧的吊坠以树脂和 925 纯银为主要材质。

① 这是一款耳环的设计作品。

② 该作品以无彩色系中的黑色和灰色作为底色，配以纯净而又不失清新的柿子橙作为点缀色，为整体造型营造出活跃和生动的装饰效果。

③ 以简单的几何图形为主要的设计元素，生动而又富有设计感。纯手工制作，使其特色更加鲜明。

3.2.3　橙色 & 阳橙

① 这是一款圈式耳环的设计作品。

② 橙色是一种温暖且高贵的色彩，与透明材质和具有金属光泽的元素搭配，其视觉效果华丽、可爱。

③ 心形的淡水珍珠与透明的玻璃材质搭配，打造出光滑且有质感的装饰效果。

④ 圈状耳环以"拥抱你的耳垂"为设计理念，采用大量的环形造型，与主题更加吻合。

① 这是一款耳环的设计作品。

② 阳橙色具有欢快、清新的视觉特点，将其作为主色调，通过深浅不一的珐琅色彩和深灰色调的沉淀，可以获得张弛有度的装饰效果。

③ 以圆环和线条为主要设计元素，不规则的镂空吊坠使其看上去更加活跃生动。

3.2.4 橘红 & 热带橙

① 这是一款扇形贝壳式耳环的设计作品。

② 橘红色是一种热情而又鲜活的色彩，将其与黄色搭配，整体色彩效果更加美艳夺目。

③ 设计师沿着天然壳的纹理进行金属镶边处理，将天然壳包裹在内，并在上方插环处设置小型的金属贝壳样式与其相呼应，使主题效果更加浓郁。

① 这是一款项链的设计作品。

② 热带橙是一种温暖而又显眼的颜色，将项链元素整体设置为热带橙色，打造出热情而又活跃的装饰效果。

③ 丰富活跃的线条元素，通过简单的设计使这条项链动感十足。

3.2.5 橙黄 & 杏黄

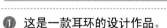

① 这是一款耳环的设计作品。

② 橙黄色是一种鲜活而又热情的色彩，将耳环整体设置为橙黄色，能够为佩戴者打造鲜活俏皮、活泼生动的装饰效果。

③ 小巧的耳环前卫且充满设计感，并采用粉末涂层钢，质地细腻。

① 这是一款拼色耳环的设计作品。

② 杏黄色是一种温和而又充满活力的色彩，将其作为作品的主色调，与深灰色搭配，稳重而不失活跃。

③ 双层结构的耳环结构饱满，使其会随着身体的节奏而跃动。

3.2.6 米色 & 驼色

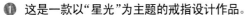

① 这是一款以"星光"为主题的戒指设计作品。
② 以米色为主色，搭配纯色的钻石，打造出宁静、优雅的视觉效果。
③ 以月亮和星光为主要的设计元素，将小颗钻石密镶在月亮造型内，搭配星状造型和稍大颗的钻石汇聚在戒指之上，整体效果具有精致的有机美感。
④ 闪闪发光的防护环可保护佩戴者，并向各个方向发光。

① 这是一款吊饰耳环的设计作品。
② 驼色是一种低饱和度的色彩，将其作为作品的主色调，更容易获得知性、优雅的装饰效果。
③ 链式结构，使装饰元素会随着身体的节奏而跃动。
④ 电镀金属和立方氧化锆材质的搭配，更凸显其光泽感，使其看上去更加大气、精致。

3.2.7 琥珀色 & 咖啡色

① 这是一款耳环的设计作品。
② 琥珀色是一种介于黄色与咖啡色之间的颜色，色泽浓郁，优雅而又秀丽，佩戴琥珀色的装饰元素，更容易营造出高贵、优雅的装饰效果。
③ 刻宝石采用榄尖形切工，并配有金银质杠杆后耳线，使其看上去更加高贵大气。

① 这是一款耳环的设计作品。
② 咖啡色是一种深厚而又浓郁的色彩，将其作为作品的主色调，并配以鲜艳的红色作为点缀，在沉稳中增添了些许活力。
③ 作品以几何图形为主要的设计元素，通过图形之间的组合与叠加创造出层次丰富、生动且富有设计感的装饰元素。

3.2.8　蜂蜜色 & 沙棕色

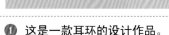

① 这是一款耳环的设计作品。

② 蜂蜜色是一种明度较低的色彩，温和、优雅，将其设置为作品的主色调，与沉稳而又深邃的黑色搭配，装饰效果更加抢眼。

③ 该款设计作品结构饱满、层次丰富、样式独特。

① 这是一款金叶耳环的设计作品。

② 沙棕色是一种华美而又富有青春气息的色彩，将其作为作品的主色调，更具青春与活力。

③ 采用施华洛世奇水晶和淡水珍珠作为主要的装饰元素，点缀着金色的叶子，彰显出动人的植物气息。

3.2.9　巧克力色 & 重褐色

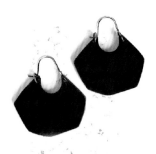

① 这是一款刻面耳环的设计作品。

② 低明度的巧克力色是一种浓郁而又温暖的色彩，将其作为耳环的主色调，可以获得优雅而又沉稳的装饰效果。

③ 对聚合物黏土箍进行单独喷涂，并将其悬挂在氧化的纯银丝上，通过丰富的质感表面营造出朴实的视觉氛围。

① 这是一款手链的设计作品。

② 重褐色是一种沉稳而又低调的色彩，深邃的颜色极具复古色彩，将其作为手链的主色调，可以获得庄重、平和的装饰效果。

③ 作品采用结实而又轻巧的皮革激光切割而成，通过光滑的表面和断裂的线条形成美学的张力。

3.3 黄

3.3.1 认识黄色

　　黄色：黄色是众多色彩中最为温暖的颜色，可见性极佳，象征着积极与轻快。将其应用于珠宝首饰设计中，可以打造温暖与明媚的视觉效果，使珠宝的气质得到升华。

　　色彩情感：活跃、辉煌、温情、高贵、灵动、喜悦、自信、财富、轻快、希望、鲜明。

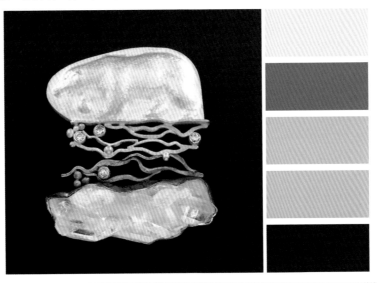

黄 RGB=255,255,0 CMYK=10,0,83,0	铬黄 RGB=253,208,0 CMYK=6,23,89,0	金 RGB=255,215,0 CMYK=5,19,88,0	香蕉黄 RGB=255,235,85 CMYK=6,8,72,0
鲜黄 RGB=255,234,0 CMYK=7,7,87,0	月光黄 RGB=155,244,99 CMYK=7,2,68,0	柠檬黄 RGB=240,255,0 CMYK=17,0,84,0	万寿菊黄 RGB=247,171,0 CMYK=5,42,92,0
香槟黄 RGB=255,248,177 CMYK=4,3,40,0	奶黄 RGB=255,234,180 CMYK=2,11,35,0	土著黄 RGB=186,168,52 CMYK=36,33,89,0	黄褐 RGB=196,143,0 CMYK=31,48,100,0
卡其黄 RGB=176,136,39 CMYK=40,50,96,0	含羞草黄 RGB=237,212,67 CMYK=14,18,79,0	芥末黄 RGB=214,197,96 CMYK=23,22,70,0	灰菊黄 RGB=227,220,161 CMYK=16,12,44,0

3.3.2　黄 & 铬黄

① 这是一款耳环的设计作品。

② 黄色是一种高明度、高饱和度的色彩，将其作为作品的主色调，打造鲜亮活跃且具有十足视觉冲击力的装饰效果。

③ 采用纸张折叠的设计手法，通过新颖独特的手法增强作品的设计感。

④ 该耳环为上下结构，既可以一起佩戴，也可以将其分开单独佩戴。

① 这是一款吊式耳环的设计作品。

② 铬黄色是一种鲜活而又灵动的色彩，将其作为耳环的主色，彰显出个性时尚且具有朝气的穿搭风格。

③ 以黄玛瑙为中心元素，并在周围镶嵌玻璃珠、月光石和淡水珍珠进行装饰，打造饱满而又灵动的造型效果。

3.3.3　金 & 香蕉黄

① 这是一款夹式吊式的耳环设计。

② 该作品以金色为主色，与纯洁的白色相搭配，通过强烈的色彩冲撞，使整个作品个性化十足。

③ 夹式耳环以圆环为主要设计元素，环环叠扣的样式使其更具设计感与层次感。

① 这是一款吊式耳环的设计作品。

② 香蕉黄是一种鲜亮而又平和的色彩，将其作为主色调，配以金属光泽进行点缀，将元素进行升华，使其看上去更加高雅精致。

③ 以简单的几何图形作为设计元素，圆形和直线线条的结合创造出简约而又时尚的装饰元素。

3.3.4 鲜黄 & 月光黄

① 这是一款戒指的设计作品。

② 鲜黄色是一种耀眼而又夺目的色彩，戒指选用鲜黄色的钻石为主色，打造奢华而又美艳的装饰效果。

③ 三枚戒指的整体效果均为复古风格，以一颗较大的黄钻为主体物，配以小克拉的纯色钻石对整体造型进行装饰与点缀，打造华丽奢华的视觉效果。

① 这是一款项链的设计作品。

② 以月光黄为主色调，轻快而又跳跃的色彩使其看上去更加鲜亮活跃，凸显佩戴者的气质。

③ 以星形为主要的设计元素，棱角分明的造型使其更具层次感，镀金金属和染玉材质的搭配，打造镀金金属和染玉材质的搭配让饰品独特充满个性。

3.3.5 柠檬黄 & 万寿菊黄

① 这是一款项链的设计作品。

② 柠檬黄是在黄色中增添了一抹绿色而得到的色彩，因此既有黄色的鲜活，又有绿色的自然。在本作品中配以黑色将其高饱和度进行中和，为其增添舒适而又柔和的视觉效果。

③ 折叠的设计手法使元素之间环环相扣，形成色彩和形状的相互作用。

① 这是一款耳环的设计作品。

② 万寿菊黄是一种高饱和度的色彩，给人一种鲜活而又热情的视觉感受，在作品中，将其作为大面积无彩色系中的点缀色，使整体装饰效果更加活跃清新。

③ 在圆形造型上绘有不规则的白色细线条进行装饰，活跃总体气氛。

3.3.6 香槟黄 & 奶黄

① 这是一款黄金方形男士图章戒指的设计作品。

② 作品以香槟黄为主色调，平静而又温和，配以黑色镶边进行点缀，将色彩进行中和，并为设计效果增添了一丝精致感。

③ 戒指采用极简的设计风格，以18ct的黄金为设计材料，简洁的线条和平面彰显出男性的绅士风度与内涵。

① 这是一套珠宝首饰的设计作品。

② 奶黄色是一种纯净而又优雅的色彩，将其应用于珠宝首饰设计当中，更能凸显佩戴者的温婉宜人、柔和知性。

③ 以"交响曲集"为设计主题，五种不同样式的元素组合在一起，打造跳跃而又统一的装饰效果。

3.3.7 土著黄 & 黄褐

① 这是一款手链的设计作品。

② 土著黄是一种纯度较低的色彩，将其作为作品的主色调，打造优雅而又温和的装饰效果。

③ 丰富的线条元素创造出大面积的镂空效果，轻巧、时尚。

① 这是一款耳环的设计作品。

② 黄褐色是一种深厚而又浓郁的色彩，将其与蓝色调的色彩相搭配，碰撞出现代化的时尚配色方案。

③ 双层链式结构使其看上去更加优雅大气，左右两侧布局的变化使装饰效果更加活跃前卫。

3.3.8 卡其黄 & 含羞草黄

❶ 这是一款耳环的设计作品。

❷ 卡其黄是一种应用十分广泛的颜色，具有温和、平稳的视觉效果，将其作为作品的主色调，打造知性而又时尚的装饰效果。

❸ 吊式耳环层次丰富，使其能够随着佩戴者的行走而跃动，时尚、大气而又醒目。

❶ 这是一款手链的设计作品。

❷ 该元素以含羞草黄为主色，温和而又充满自然气息的色彩与深灰色相搭配，通过色彩明与暗的中和，打造优雅的装饰效果。

❸ 在不同的层次设置白色的蓝宝石对作品进行点缀，并通过 23K 金箔的装饰增强元素的表现力，使其更加抢眼。

3.3.9 芥末黄 & 灰菊黄

❶ 这是一款圈式耳环的设计作品。

❷ 低纯度的芥末黄是一种柔和而又淡雅的色彩，将其与纯净温和的白色相搭配，增强整体效果的明亮程度，使其看上去更加清新鲜亮。

❸ 以简单的直线线条和圆环为主要的设计元素，打造时尚、简约的装饰效果。

❶ 这是一款项链的设计作品。

❷ 以灰菊黄为主色调，柔和而又淡雅的色彩少了一丝活跃，多了一丝沉稳，为佩戴者增添一丝优雅、知性的气质。

❸ 该作品通过手工制作，且经过抛光处理，将钻石镶嵌在黄金表面的中心位置，并配以星光装饰元素，打造精致而又富有设计感的饰品效果。

3.4 绿

3.4.1 认识绿色

绿色：绿色是一种清新而又自然的色彩，将其应用于珠宝设计当中，会营造出一种复古、优雅的迷人魅力。

色彩情感：舒适、平和、自然、复古、优雅、高级、生机、清新、年代感。

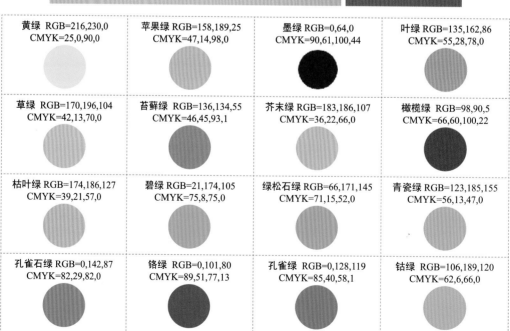

黄绿 RGB=216,230,0 CMYK=25,0,90,0	苹果绿 RGB=158,189,25 CMYK=47,14,98,0	墨绿 RGB=0,64,0 CMYK=90,61,100,44	叶绿 RGB=135,162,86 CMYK=55,28,78,0
草绿 RGB=170,196,104 CMYK=42,13,70,0	苔藓绿 RGB=136,134,55 CMYK=46,45,93,1	芥末绿 RGB=183,186,107 CMYK=36,22,66,0	橄榄绿 RGB=98,90,5 CMYK=66,60,100,22
枯叶绿 RGB=174,186,127 CMYK=39,21,57,0	碧绿 RGB=21,174,105 CMYK=75,8,75,0	绿松石绿 RGB=66,171,145 CMYK=71,15,52,0	青瓷绿 RGB=123,185,155 CMYK=56,13,47,0
孔雀石绿 RGB=0,142,87 CMYK=82,29,82,0	铬绿 RGB=0,101,80 CMYK=89,51,77,13	孔雀绿 RGB=0,128,119 CMYK=85,40,58,1	钴绿 RGB=106,189,120 CMYK=62,6,66,0

3.4.2 黄绿 & 苹果绿

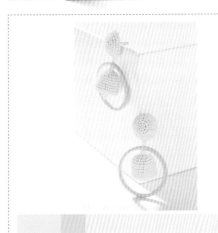

❶ 这是一款吊式耳环的设计作品。

❷ 黄绿色是一种鲜活而又明快的色彩，将其作为耳环的主色调，打造鲜活、耀眼且富有活力的装饰效果。

❸ 将金属、棉和玻璃珠材质进行结合，打造复古风格的时尚装饰元素。

❶ 这是一对耳环的设计作品。

❷ 以苹果绿为主色调，优雅、温和的色彩搭配宝石通透的质地，使其更具高雅知性之美。

❸ 这对橄榄石石英耳环大气而又富有年代感，更容易凸显佩戴者的气质。

3.4.3 墨绿 & 叶绿

❶ 这是一款耳环的设计作品。

❷ 以墨绿色为主色调，低明度、高饱和度的色彩浓郁而又带有浓厚的复古气息，将其应用于珠宝首饰设计当中，打造高雅、精致的装饰效果。

❸ 采用吊式的设计形式，使玻璃水晶从金色的柱子上摇曳，增添活力的气息。

❶ 这是一款项链的设计作品。

❷ 叶绿色是一种淡然而又柔和的色彩，将其与带有金属光泽的银色相搭配，打造低调、优雅的装饰效果。

❸ 通过丰富而又富有活力和动感的造型增强元素的设计感。

3.4.4 　草绿 & 苔藓绿

① 这是一款项链的设计作品。

② 草绿色是一种清新而又淡雅的色彩，该作品以草绿色为主色调，营造出清新而又充满活力的装饰效果。

③ 多层次的结构搭配，不规则的线条装饰元素，打造活跃生动的视觉效果。

① 这是一款耳环的设计作品。

② 苔藓绿是一种温和而又典雅的色彩，将其作为耳环的主色调，打造具有复古气息的装饰效果。

③ 鱼钩扣的设计温婉而又时尚，橄榄石与水晶材质的搭配尽显优雅与庄重。

3.4.5 　芥末绿 & 橄榄绿

① 这是一款耳环的设计作品。

② 低明度的芥末绿是一种平和而又优雅的色彩，将其作为作品的主色调，打造知性而又儒雅的装饰效果。

③ 硼硅酸盐珠子和纯银饰物相搭配，再结合链式结构，使其会随着身体的节奏而跃动。

① 这是一款珍珠吊坠项链的设计作品。

② 选用低饱和度的橄榄绿吊坠，打造温和且带有一丝复古气息的装饰作品。

③ 金属、淡水珍珠和玻璃石材质与龙虾扣相搭配，左右两侧环绕的淡水珍珠形成链式结构，打造优雅、复古的装饰元素。

3.4.6 枯叶绿 & 碧绿

① 这是一款宝石戒指的设计作品。

② 枯叶绿是一种低饱和度的色彩，柔和而又温暖，将其作为戒指的主色调，并与金色相搭配，使其看上去更加高贵典雅。

③ 抛光但未琢面的宝石使整体效果看上去更加圆润光滑。

① 这是一款戒指的设计作品。

② 以碧绿色为主色调，自然而又青翠的色彩与金属光泽相搭配，打造清新、高贵的装饰效果。

③ 华美的椭圆形钻石采用背部开放式的镶座，使宝石看上去更加通透自然。

3.4.7 绿松石绿 & 青瓷绿

① 这是一款宝石戒指的设计作品。

② 绿松石绿是一种清澈而又自然的色彩，将其作为作品的主色调，搭配银色的金属光泽，营造出高雅且带有一丝复古情怀的装饰效果。

③ 带有相互交缠纹理的纯银材质增强了整体效果的层次感及设计感。

① 这是一款订婚戒指的设计作品。

② 选用青瓷绿色的宝石，搭配18K金的戒托，光泽闪耀、璀璨，散发着浪漫时尚气息。

③ 在绿色宝石的左右两侧搭配两颗纯色的宝石进行装饰，爪镶的镶嵌方式与对称的装饰效果，打造灵动而又活跃的视觉效果。

3.4.8 孔雀石绿 & 铬绿

① 这是一款手链的设计作品。

② 孔雀石绿是一种高饱和度的绿色，将其应用于珠宝首饰设计当中，搭配金属光泽，打造精致且带有一丝复古气质的视觉效果。

③ 链式结构在末尾端设置了一颗精致的珍珠作为装饰，是作品的点睛之笔，使整体的气质得到了升华。

① 这是一款结婚戒指的设计作品。

② 铬绿是一种低明度的色彩，整体视觉效果大气沉稳，凸显一种精致而又内敛的美。

③ 将具有玻璃光泽的祖母绿以爪镶的方式镶嵌在戒指的中心区域，并在外轮廓的周围镶嵌小的钻石进行点缀，具有"众星捧月"的视觉效果。

3.4.9 孔雀绿 & 钴绿

① 这是一款戒指的设计作品。

② 孔雀绿秀丽而又浓郁，饱和度较高，将其应用于珠宝设计当中，打造高贵、雅致的装饰效果。

③ 作品采用包镶的镶嵌方式，镶座背部呈开放式，可以让光线透过宝石，使视觉效果更加通透。两种颜色，能够驾驭多种风格。

① 这是一款订婚戒指的设计作品。

② 以钴绿为主色，通过饱和度较低的色彩，搭配创造出优雅又不失清新的装饰效果。

③ 间隔的布局方式，使其整体效果看上去更加饱满且富有设计感。

3.5 青

3.5.1 认识青色

青色：青色是一种介于绿色和蓝色中间的色彩，较难分辨，当无法界定一种颜色是绿色还是蓝色时，我们就可以将它称之为青色。

色彩情感：古朴、清脆、复古、优雅、尊贵、清澈、庄重、伶俐。

青 RGB=0,255,255 CMYK=55,0,18,0	铁青 RGB=82,64,105 CMYK=89,83,44,8	深青 RGB=0,78,120 CMYK=96,74,40,3	天青色 RGB=135,196,237 CMYK=50,13,3,0
群青 RGB=0,61,153 CMYK=99,84,10,0	石青色 RGB=0,121,186 CMYK=84,48,11,0	青绿色 RGB=0,255,192 CMYK=58,0,44,0	青蓝色 RGB=40,131,176 CMYK=80,42,22,0
瓷青 RGB=175,224,224 CMYK=37,1,17,0	淡青色 RGB=225,255,255 CMYK=14,0,5,0	白青色 RGB=228,244,245 CMYK=14,1,6,0	青灰色 RGB=116,149,166 CMYK=61,36,30,0
水青色 RGB=88,195,224 CMYK=62,7,15,0	藏青 RGB=0,25,84 CMYK=100,100,59,22	清漾青 RGB=55,105,86 CMYK=81,52,72,10	浅葱青 RGB=210,239,232 CMYK=22,0,13,0

3.5.2 青 & 铁青

1. 这是一款手链的设计作品。
2. 以青色为主色，同时在色泽饱和的白色珍珠点缀下打造优雅、复古与时尚并存的装饰元素。
3. 采用基础包镶的方式将宝石呈现在受众眼前，使产品实用、舒适且便于佩戴。

1. 这是一款耳钉的设计作品。
2. 铁青色是一种内敛而又沉稳的色彩，将其作为整体的主色调，打造温婉而又优雅的装饰效果。
3. 该元素采用黄铜元素纯手工制作而成，然后进行粉末涂层，打造结构饱满、层次丰富的装饰元素。

3.5.3 深青 & 天青色

1. 这是一款耳环的设计作品。
2. 以深青色为主色调，低调、内敛而又优雅的色彩与银色相搭配，瞬间提升佩戴者的气质。
3. 通过简单的几何图形对元素进行装饰，在增添元素设计感的同时也使其更具趣味性。

1. 这是一款戒指的设计作品。
2. 天青色是一种纯净而又清澈的色彩，将其作为作品的主色调，并与精致的金色相搭配，打造梦幻而又华贵的装饰效果。
3. 蓝色水晶材质构成通透的视觉效果，将原始形式的彩色宝石和现代精致工艺相结合，形成鲜明对比。

3.5.4 群青 & 石青色

❶ 这是一款耳环的设计作品。

❷ 群青色是一种高饱和度的色彩，将其作为作品的主色调，打造深邃、高雅而又神秘的装饰效果。

❸ 水晶切面规则整齐，与 14K 金填充耳线相搭配，使其看上去更加高贵、精致。

❶ 这是一款吊式耳环的设计作品。

❷ 石青色是一种沉稳又不失温和的色彩，将其与带有金属光泽的金色调相搭配，打造精致不失优雅的装饰效果。

❸ 该作品由手工制作而成，刻面切面的珠宝元素搭配金属材质，打造花瓣样式的吊式耳环设计效果。

3.5.5 青绿色 & 青蓝色

❶ 这是一款耳环的设计作品。

❷ 青绿色是一种清爽而又伶俐的色彩，通透的宝石搭配生动的色彩，打造轻快而又充满生机与活力的装饰效果。

❸ 以 14K 镀金金属作为基础材质，立方氧化锆和玻璃材质的搭配，创造出闪耀灵动的装饰元素。

❶ 这是一款结婚戒指的设计作品。

❷ 以青蓝色为主色，坚定温和而又内敛的色彩象征着对于美好婚姻生活的向往，并打造出典雅、精致的装饰效果。

❸ 以密镶为主要的镶嵌方式，将宝石镶嵌在戒圈之上，并以独特的造型进行装饰，使整体效果更具设计感。

3.5.6 瓷青 & 淡青色

❶ 这是一款圈式耳环的设计作品。
❷ 瓷青色是一种清新活泼的色彩，搭配藏青色和白色的纹理进行装饰与点缀，形成饱满而又充满艺术感的纹理效果。
❸ 镀金金属和树脂材质的搭配，形成了充满艺术感的碰撞效果，链式的珠宝，会随着身体的节奏而跃动。

❶ 这是一款耳环的设计作品。
❷ 淡青色是一种优雅而又清澈的色彩，选用淡青色的宝石作为主体色，搭配镀金黄铜的金属色泽将色彩进行沉淀，使整体效果看上去更加平和优雅。
❸ 这款精致的吊式耳环饰有施华洛世奇水晶，散发出淡淡的光芒。

3.5.7 白青色 & 青灰色

❶ 这是一款吊式耳环的设计作品。
❷ 白青色是一种清澈而又纯净的色彩，通透的材质使其在阳光照射下，更加明净透彻。
❸ 手工制作形成不规则的圆环结构，使其看上去更加自然独特。

❶ 这是一款耳环的设计作品。
❷ 青灰色是一种温和而又内敛的色彩，将其作为作品的主色调，与银色的金属光泽相搭配，打造优雅而又温婉的装饰效果。
❸ 青灰色的宝石自由悬挂在精致的链条之上，并与纯银材质的叶子样式相搭配，使整体效果看上去更加精致、优雅。

3.5.8 水青色 & 藏青

① 这是一款钻石项链的设计作品。
② 水青色清澈而又鲜亮,将其作为作品的主色调,打造梦幻、纯净的装饰效果。
③ 在珐琅心形吊坠的中心区域镶嵌一颗闪闪发光的钻石,搭配镀金链式结构,打造简单、清新且充满个性化的视觉效果。

① 这是一款戒指的设计作品。
② 以藏青色为主色调,该色彩明度较低,给人一种高雅、稳固、沉稳的视觉效果,金属镶边元素的点缀,使其看上去更加高贵、独特。
③ 不规则的尺寸加上稳固的三角形设计,增强元素的设计感。

3.5.9 清漾青 & 浅葱青

① 这是一款手链的设计作品。
② 以清漾青为主色调,内敛而又高雅的色彩与金属色泽相搭配,形成复古与尊贵并存的装饰效果。
③ 以玻璃石头为主要应用元素,通过整齐且均等的布局方式和弯曲的链式结构,打造柔和、饱满且充满秩序感的视觉效果。

① 这是一款项链的设计作品。
② 浅葱色是一种清新而又纯净的色彩,将其作为作品的主色调,并配有银色将色彩进行沉淀,使其看上去更加平和、自然。
③ 以"云"为设计主题。整个作品为镶有氧化纯银的铜制窑炉搪瓷。以其独特的造型与主题形成呼应,打造生动有趣的装饰效果。

3.6 蓝

3.6.1 认识蓝色

蓝色：蓝色是一种沉稳而又广阔的色彩，将其应用于珠宝首饰设计中，可以使整体效果兼备知性与灵性，是纯洁神圣、高贵与典雅的经典象征。

色彩情感：神圣、善良、高贵、纯洁、优雅、沉稳、权威、坚定、理智、遥远。

蓝 RGB=0,0,255 CMYK=92,75,0,0	天蓝色 RGB=0,127,255 CMYK=80,50,0,0	蔚蓝色 RGB=4,70,166 CMYK=96,78,1,0	普鲁士蓝 RGB=0,49,83 CMYK=100,88,54,23
矢车菊蓝 RGB=100,149,237 CMYK=64,38,0,0	深蓝 RGB=1,1,114 CMYK=100,100,54,6	道奇蓝 RGB=30,144,255 CMYK=75,40,0,0	宝石蓝 RGB=31,57,153 CMYK=96,87,6,0
午夜蓝 RGB=0,51,102 CMYK=100,91,47,9	皇室蓝 RGB=65,105,225 CMYK=79,60,0,0	浓蓝色 RGB=0,90,120 CMYK=92,65,44,4	蓝黑色 RGB=0,14,42 CMYK=100,99,66,57
爱丽丝蓝 RGB=240,248,255 CMYK=8,2,0,0	水晶蓝 RGB=185,220,237 CMYK=32,6,7,0	孔雀蓝 RGB=0,123,167 CMYK=84,46,25,0	水墨蓝 RGB=73,90,128 CMYK=80,68,37,1

3.6.2 蓝 & 天蓝色

1. 这是一款吊式耳坠的设计作品。
2. 蓝色具有一种深邃、纯净而又广阔的视觉效果，是一种相对明度较高的色彩，将其作为作品的主色，搭配金属色泽，可以打造出优雅高贵的装饰效果。
3. 将其分为上下两个部分，三角形的装饰元素和下方的蓝宝石吊坠相互呼应，丰富了元素的视觉效果。

1. 这是一款耳环的设计作品。
2. 天蓝色是一种高明度、高饱和度的色彩，将其作为耳环的主色调，与金色和黑白二色相搭配，打造生动而又富有活力的装饰效果。
3. 左右两侧采用不同的样式，却具有十足的关联性，使佩戴效果更具设计感。

3.6.3 蔚蓝色 & 普鲁士蓝

1. 这是一款垂坠耳环的设计作品。
2. 蔚蓝色是一种秀美而又宁静的色彩，将其作为作品的主色调，与银质的金属光泽相搭配，打造出古典而又安谧的装饰效果。
3. 圆形的纯银材质将蓝晶石进行包裹，并在下方设置淡水珍珠进行装饰，向下垂落的方式使其看上去更加自由、生动。

1. 这是一款项链的设计作品。
2. 普鲁士蓝是一种稳重而又深邃的色彩，带有一丝复古与神秘的气息，与金属光泽的银色搭配，打造出高雅、庄重的装饰效果。
3. 扇贝形椭圆形设计灵感来自精致的钩针饰边，中央饰有椭圆形宝石，使整体效果更加温婉动人，更受女性消费者喜爱。

3.6.4 矢车菊蓝 & 深蓝

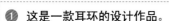

1. 这是一款耳环的设计作品。
2. 矢车菊蓝是一种清澈而又纯净的色彩，将其作为作品的主色调，打造温和、优雅的装饰效果。
3. 采用抛光的水滴状坦桑石作为主要材质，形成六瓣花的样式，搭配细号金丝编织而成的固定装置，打造时尚而又梦幻的装饰元素。

1. 这是一款女性珠宝首饰的设计作品。
2. 以深蓝色为主色，高饱和度的色彩庄重而又深邃，利用强烈的色彩差异碰撞出高贵、典雅的装饰效果。
3. 开放式的镶嵌方式使其在光线的照射下，更加通透有光泽。
4. 水滴形状的造型和曲线的线条，使其整体造型更加柔美，符合女性审美观念。

3.6.5 道奇蓝 & 宝石蓝

1. 这是一款耳环的设计作品。
2. 道奇蓝是一种明度较高的色彩，将其作为作品的主色调，渐变的色彩通过柔和的过渡效果使其看上去更加梦幻、生动，与银色相搭配，更是增添了一丝纯净与雅致。
3. 该作品为 925 纯银椭圆形波浪耳环，镶有着色树脂。云母在各层之间撒粉，以形成发光的镶嵌物。

1. 这是一款圈式耳环的设计作品。
2. 宝石蓝时尚前卫，高饱和度的色彩总能够第一时间抓住人们的眼球，选择宝石蓝色的钻石放置在中心位置处，使整体效果更加个性化。
3. 蓝色的宝石在中间起到了画龙点睛的装饰作用，使在其周围的纯色小钻石形成众星捧月的视觉效果，向下自然垂落的玻璃珠使佩戴效果更加生动活跃。

3.6.6 午夜蓝 & 皇室蓝

① 这是一款耳环的设计作品。
② 午夜蓝是一种浓郁而又深邃的色彩，将其作为作品的主色调，搭配带有金属光泽的金色作为镶边，使其看上去更加精致、珍贵。
③ 表面切割粗糙的青金石元素，使整体效果更具层次感。

① 这是一款吊式耳环的设计作品。
② 以皇室蓝为主色调，渐变的色彩过渡柔和自然，由浅到深，配以星光元素的点缀，极具艺术感。
③ 以"银河"为设计理念，大量的星星和月亮装饰元素与主题形成呼应，打造梦幻、高雅的装饰效果。

3.6.7 浓蓝色 & 蓝黑色

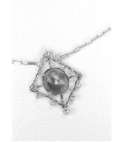

① 这是一款项链的设计作品。
② 浓蓝色是一种温婉而又雅致的色彩，以半透明的材质进行呈现，形成自然过渡的颜色变化，使看上去更加华贵、优雅。
③ 浓蓝色的碧玺中心石，四周环绕着天体般的钻石环，打造精致而又梦幻的装饰效果。

① 这是一款耳环的设计作品。
② 蓝黑色沉稳而又深邃，整体采用渐变的色彩使其看上去更加神秘、梦幻。
③ 这款耳环采用手工切割的制作方式，将原始的切割方式和现代化的视觉效果相互碰撞，极具艺术气息。

3.6.8 爱丽丝蓝 & 水晶蓝

① 这是一款耳环的设计作品。

② 爱丽丝蓝是一种清澈而又淡雅的色彩，将其与黑色和灰色相搭配，为整体增添了一丝梦幻、清爽之感。

③ 圆环的组合搭配使其看上去具有向外扩散的运动方向，使装饰效果更具动感。

① 这是一款戒指的设计作品。

② 水晶蓝是一种淡然而又清澈的色彩，将其作为作品的主色调，打造清新、优雅的装饰效果。

③ 中心石采用天然的海蓝宝石，并配有圆形明亮式切割的天然白钻进行装饰，为佩戴者增光添彩。

3.6.9 孔雀蓝 & 水墨蓝

① 这是一款珠宝戒指的设计作品。

② 孔雀蓝作为一种低饱和度的色彩，高雅且精致，通过不同的角度形成自然过渡的渐变效果，增强元素的视觉美感。

③ 这款个性十足的戒指上饰有切面宝石，并与镀金金属材质完美贴合，形成时尚分层的外观。

① 这是一款项链的设计作品。

② 水墨蓝是一种幽静而又淡雅的蓝色，将其应用于珠宝首饰设计当中，与纯银材质进行结合，营造出柔和沉稳的装饰效果。

③ 极具时尚气息的设计作品非常适合为晚装组合增添新的元素。无论是单独佩戴还是与其他款式进行搭配，都能营造出得体、知性的穿搭效果。

3.7 紫

3.7.1 认识紫色

紫色：紫色是极其醒目而又时尚的颜色，是红色与蓝色叠加而成的色彩。在日常生活中，紫色的珠宝首饰会为佩戴者增添无限的高贵与优雅。

色彩情感：神秘、梦幻、浪漫、优雅、高贵、神圣、永恒、温暖、奢华、名望。

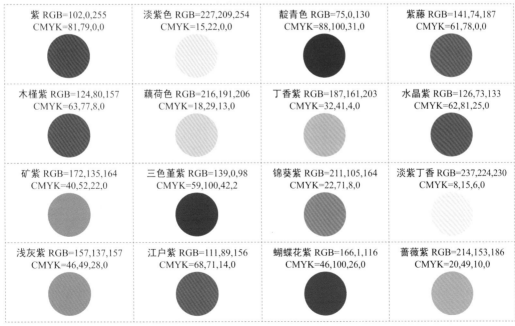

紫 RGB=102,0,255
CMYK=81,79,0,0

淡紫色 RGB=227,209,254
CMYK=15,22,0,0

靛青色 RGB=75,0,130
CMYK=88,100,31,0

紫藤 RGB=141,74,187
CMYK=61,78,0,0

木槿紫 RGB=124,80,157
CMYK=63,77,8,0

藕荷色 RGB=216,191,206
CMYK=18,29,13,0

丁香紫 RGB=187,161,203
CMYK=32,41,4,0

水晶紫 RGB=126,73,133
CMYK=62,81,25,0

矿紫 RGB=172,135,164
CMYK=40,52,22,0

三色堇紫 RGB=139,0,98
CMYK=59,100,42,2

锦葵紫 RGB=211,105,164
CMYK=22,71,8,0

淡紫丁香 RGB=237,224,230
CMYK=8,15,6,0

浅灰紫 RGB=157,137,157
CMYK=46,49,28,0

江户紫 RGB=111,89,156
CMYK=68,71,14,0

蝴蝶花紫 RGB=166,1,116
CMYK=46,100,26,0

蔷薇紫 RGB=214,153,186
CMYK=20,49,10,0

第 3 章　珠宝首饰设计的基础色

3.7.2 紫&淡紫色

1️⃣ 这是一款耳环的设计作品。

2️⃣ 紫色是一种高饱和度的色彩，将其作为耳环的主色调，并将色彩设置成过渡自然的渐变样式，使其看上去更加生动、个性化。

3️⃣ 耳环的整体效果充满活力且富有动感，采用独特的工艺将彩色颜料和云母分层，创造出更加强烈且自然的光泽感。

1️⃣ 这是一款耳环的设计作品。

2️⃣ 淡紫色是一种柔和而又优雅的色彩，黑色的镶边将自然的过渡效果打破，将整体温和的色调进行中和，使其看上去更加抢眼。

3️⃣ 铜上的窑炉搪瓷，已通过液压模具成型。耳线是纯银的，上釉后，就可以用纯银制成镶嵌物并进行氧化。

3.7.3 靛青紫&紫藤

1️⃣ 这是一款项链的设计作品。

2️⃣ 靛青紫是一种浓郁而又深邃的色彩，将低明度的色彩与深灰色相搭配，使整体效果看上去更加神秘平稳。

3️⃣ 链式结构与弧度渐变的曲线线条相结合，增强了整体效果的流动性，使其更具节奏感。

1️⃣ 这是一款结婚戒指的设计作品。

2️⃣ 选用紫藤色的中心石，优雅又不失纯粹的色彩，与纯色钻石和金属色光泽相搭配，使整个元素看上去更加高贵、优雅。

3️⃣ 双层的设计使元素更具设计感，同时更多钻石元素的加入也使戒指整体更加美艳。

3.7.4 木槿紫 & 藕荷色

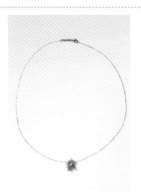

❶ 这是一款项链的设计作品。

❷ 木槿紫是一种浓郁而又深厚的色彩，将其作为作品的主色调，衬托出佩戴者雍容华贵的独特气质。

❸ 以木槿紫色的钻石为中心石，在周围附着小颗的纯色钻石进行点缀，使其由中心散发出光芒，打造梦幻、高雅的装饰效果。

❶ 这是一款戒指的设计作品。

❷ 藕荷色是一种柔和而又淡雅的色彩，在浅紫色中加了一点点粉色，美妙而又梦幻，神圣而又温柔。

❸ 以手工雕刻的方式，将形状不规则的宝石和金属进行完美结合，使每一枚戒指都是唯一而又独特的存在。

3.7.5 丁香紫 & 水晶紫

❶ 这是一款结婚戒指的设计作品。

❷ 丁香紫是一种柔和而又纯净的色彩，与纯色的小颗钻石和玫瑰金色的金属光泽相搭配，打造梦幻、优雅的装饰效果。

❸ 基础包镶的方式搭配开放式镶座背部，可以让光线穿透宝石，使视觉效果更加通透。

❶ 这是一款耳环的设计作品。

❷ 水晶紫是一种温和而又平静的色彩，将其作为作品的主色调，打造知性、优雅的装饰效果。

❸ 耳环设计效果新奇大胆，采用 3D 打印技术制作而成，具有十足的创意感与秩序感。

3.7.6 　矿紫 & 三色堇紫

① 这是一款耳环的设计作品。

② 矿紫色是一种柔和而又梦幻的色彩，明度较低，将其作为作品的主色调，打造知性而又优雅的装饰效果。

③ 通过线条构造出丰富的结构和层次，吊式耳环的设计效果使其更加生动、活跃。

① 这是一款戒指的设计作品。

② 三色堇紫是一种高纯度的色彩，将其作为戒指的主色调，并与金色和银色的金属光泽相搭配，打造高贵、典雅的装饰元素。

③ 选用红宝石，在顶部刻有精美的花朵图案，并在左右两侧设有古金颗粒进行装饰，使其更加华贵、优美。

3.7.7 　锦葵紫 & 淡紫丁香

① 这是一款耳环的设计作品。

② 锦葵紫是一种柔和而又浪漫的色彩，将其作为耳环的主色调，搭配少许的黄色调作为点缀，通过新奇独特的配色方案，打造梦幻而又生动的装饰效果。

③ 在宝石周围镶嵌了钻石，让耳环增添了厚重的仪式感，变得个性鲜明。

① 这是一款项链的设计作品。

② 淡紫丁香色彩饱和度较低，具有柔和而又梦幻的视觉效果，将其作为作品的主色调，更容易衬托出佩戴者的优雅与知性。

③ 该作品以圆形为主要设计元素，搭配相对对称的设计形式，使其在工整中又带有一丝柔和与温婉。

3.7.8　浅灰紫 & 江户紫

① 这是一款戒指的设计作品。

② 浅灰紫色是一种柔和而又优雅的色彩，将其作为作品的主色调，与金色和银色相搭配，打造精致、风雅的装饰效果。

③ 该作品做工精美，戒圈由纯银材质制作而成，搭配金属条和小珠进行装饰，方形的玉髓石放置在中心区域，起到重点突出的作用。

① 这是一款耳钉的设计作品。

② 以江户紫为主色调，低明度、低饱和度的色彩与银色相搭配，打造平稳、平静而又柔和的装饰效果。

③ 圆形玫瑰切工的坦桑石被镶嵌在尖头蝴蝶结镶托之中，柔和而又华美。

3.7.9　蝴蝶花紫 & 蔷薇紫

① 这是一款项链的设计作品。

② 蝴蝶花紫是一种浪漫而又温暖的色彩，选用蝴蝶花紫色的宝石作为装饰元素，并配以金色和玫瑰金色的金属材质，打造优雅而又精致的装饰效果。

③ 在相同间隔的每个节点上都设有不同颜色的彩色钻石作为点缀，更具设计感。

① 这是一款订婚戒指的设计作品。

② 蔷薇紫色是一种柔和而又淡雅的色彩，与带有金属光泽的金色相搭配，打造浪漫而又尊贵的装饰效果。

③ 采用背部闭合式爪镶的方式，增强暗淡宝石的内部光泽，让宝石的颜色更加深邃。

3.8 黑、白、灰

3.8.1 认识黑、白、灰

黑色：黑色是一种简单而又丰富的色彩，具有不同经验的人们会在不同场合为其赋予不同的意义，若将其应用于珠宝首饰设计中，会打造出成熟、高贵的视觉效果。

色彩情感：庄重、神秘、高雅、强大、永恒、力量、深邃、权力。

白色：白色是所有色彩中明度最高的颜色，常常被认作是无色，具有积极与消极的双层含义，在珠宝首饰设计中，白色常会带来一种纯洁无瑕、优雅而又温柔的视觉效果。

色彩情感：高雅、淡然、纯净、柔美、雅致、贞洁、恬静。

灰色：灰色是介于黑色与白色之间的色彩，浑浊而又善变，散发出暗抑的美，悠然淡雅。

色彩情感：温暖、空灵、捉摸不定、坚毅、神秘、内敛、朦胧。

白 RGB=255,255,255 CMYK=0,0,0,0	月光白 RGB=253,253,239 CMYK=2,1,9,0	雪白 RGB=233,241,246 CMYK=11,4,3,0	象牙白 RGB=255,251,240 CMYK=1,3,8,0
10%亮灰 RGB=230,230,230 CMYK=12,9,9,0	50% 灰 RGB=102,102,102 CMYK=67,59,56,6	80% 炭灰 RGB=51,51,51 CMYK=79,74,71,45	黑 RGB=0,0,0 CMYK=93,88,89,88

3.8.2 白&月光白

① 这是一款吊坠项链的设计作品。

② 将白色设置为吊坠的主色调,并在周围环有金色进行装饰,打造出纯洁而又精致的装饰效果。

③ 将电镀金属、石英、立方氧化锆和珍珠材质进行搭配,雕刻的白色花朵样式惟妙惟肖,打造出生动优雅的装饰效果。

① 这是一款以向日葵为主题的吊式耳环设计作品。

② 月光白是一种在白色中增添了些许黄色的色彩,纯净而又优雅,与金属材质的光泽搭配,可以打造出梦幻而又奢华的装饰效果。

③ 耳环的上半部分采用了向日葵的样式,与主题相互呼应,下半部分采用珍珠母玉和金属材质进行完美的搭配与贴合,打造出柔美且充满活力的视觉效果。

3.8.3 雪白&象牙白

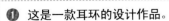

① 这是一款耳环的设计作品。

② 雪白色是在白色中增添了一抹蓝色调,是一种明净而又清澈的色彩。

③ 将耳环设置为上小下大的双花结构,采用珍珠、玻璃和黄铜材质,打造出优雅且仙气十足的装饰效果。

① 这是一款珍珠吊坠的设计作品。

② 象牙白是一种柔和而又纯净的色彩,将其与银色搭配,使整体装饰效果更加温和、优雅。

③ 大型珍珠和立方氧化锆吊坠精致而又大气,与纯银材质搭配,凸显内敛、知性的气质。

3.8.4   10% 亮灰 &50% 灰

① 这是一款吊式耳环的设计作品。

② 选用 10% 亮灰色的流苏对元素进行装饰，同色系的配色方案，使整体效果更加和谐统一。

③ 吊式的流苏装饰元素随着人们的行走而跃动，营造出温和而又不失活跃的装饰效果。

① 这是一款戒指的设计作品。

② 该作品以 50% 灰为主色调，并与金色材质相搭配，打造低调与奢华并存的装饰效果。

③ 戒指上大钻与小钻形成对比，为灰色调的戒指增添了轻盈的活力感。

3.8.5   80% 炭灰 & 黑

① 这是一款结婚戒指的设计作品。

② 选用 80% 炭灰色的钻石作为中心石，通过深邃而又朦胧的色彩引人注目，凸显独特、大气的装饰效果。

③ 椭圆形的玫瑰切割钻石经过精致的琢面效果增强整体的设计感与层次感。在周围附着小颗纯色的钻石进行装饰，增强整体的艺术效果。

① 这是一款吊式耳环的设计作品。

② 黑色是一种纯粹而又深邃的色彩，将其作为作品的主色调，并配以彩色的钻石材质进行装饰，打造前卫、活跃的装饰效果。

③ 以分层的方式进行镶嵌，底部圆形的玻璃珠作为背景，能够更好地将彩色钻石进行衬托。

第4章 珠宝首饰的材料类型

珠宝首饰已经逐渐成为大部分人日常生活中不可或缺的重要搭配元素，它不仅能够点缀人们的日常穿搭，使整体造型看上去更具设计感，还具有一定的收藏价值。

在珠宝首饰制作的过程当中，除了不同的形态与风格以外，还可以将它按照不同的材质类型进行分类，如钻石、黄金、铂金、银、珍珠、宝石、翡翠、木质、玻璃、皮革、贝壳等，不同材质的珠宝首饰所呈现出的质感各不相同，所对应的镶嵌手法也存在着较大的差别，收藏以及打理的方式也各不相同，因此熟练掌握珠宝的不同材质类型与风格特点，会更有助于将每种不同类型的珠宝进行妥善处理。

4.1 钻石

钻石是迄今为止人类所发现的最坚硬的天然物质，因此它被赋予了"永恒""权力"与"地位"等特殊且高贵的象征。其外表闪耀而又夺目，现如今随着人们生活水平的提高，对于钻石的需求量也逐步增大。

特点：

◆ 具有较高的折射率。

◆ 光泽感强。

◆ 具有亲油性。

4.1.1 钻石类珠宝首饰设计

设计理念：这是一款钻石吊坠和耳环的套装设计。通过环形结构的叠加处理，打造生动、饱满且富有动感的装饰元素。

色彩点评：该作品结合了白金材质和钻石材质，色彩闪耀而又优雅，使其看上去富有一种低调而又奢华的美感。

1 以钻石为主要的展示元素，并与白金材质进行融合，使其看上去更加高雅、精致。

2 将钻石以爪镶的方式固定在环形的白金镶托之中，牢固的镶嵌方式增强了元素的实用性与美观性。

3 简约的环形结构在顶部进行连接，增强元素的设计感，打造简约而不简单的装饰元素。

RGB=164,162,163 CMYK=42,34,31,0
RGB=236,236,237 CMYK=9,7,6,0
RGB=222,223,225 CMYK=15,11,10,0
RGB=230,229,229 CMYK=12,9,9,0

这是一款钻石戒指的设计作品。玫瑰金材质与钻石的搭配，使其更加温婉高贵，并采用爪镶的方式，将三颗大小不一的钻石进行固定，灰色调的钻石以大小的不同进行区分，主次分明。

RGB=250,227,215 CMYK=2,15,15,0
RGB=148,136,126 CMYK=49,47,48,0
RGB=184,182,187 CMYK=33,27,22,0
RGB=205,138,87 CMYK=25,54,68,0

这是一款钻石戒指的设计作品。选用了白金和钻石材质，使其更加高贵典雅。左右两侧交叉的曲线既是对中心区域钻石的凸显，也对左右两侧的小钻起到了承载的作用，一举两得。

RGB=208,208,208 CMYK=22,16,16,0
RGB=235,235,234 CMYK=9,7,8,0
RGB=76,75,75 CMYK=74,68,65,24

4.1.2 钻石类珠宝首饰设计技巧——众星捧月的展现形式

在部分情况下，珠宝首饰设计中的元素并不是单一呈现的，"众星捧月"式的展现形式能够使造型的结构更加饱满，呈现的样式更加美观且富有设计感，以此来增强元素的美观性。

这是一款钻石戒指的设计作品。将玫瑰金的戒圈与天然白钻进行搭配，并以"光环"为设计理念，围绕着圆形的主钻，在其外侧增设了一圈小的钻石进行装饰，与主题形成呼应，打造闪耀而又带有一丝复古风情的装饰效果。

这是一款钻石首饰的设计作品。选用四边形的天然白钻作为主要的装饰元素，并与白金材质相搭配，使其看上去更加精致耀眼，中心区域的主钻配以周围的小钻进行装饰，营造出众星捧月的视觉效果，并增强了结构的饱满性。

配色方案

双色配色

三色配色

四色配色

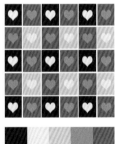

佳作欣赏

4.2 黄金、铂金

　　黄金和铂金均是被珠宝行业广泛应用的贵金属，二者之间在颜色上有着明显的差别，黄金为金黄色，且可根据黄色的程度来判断纯度的高低，纯度越高，黄色越浓郁，反之黄色则稍显清浅。而铂金则呈现出白色，象征着纯洁的爱情，深受年轻人的喜爱。

特点：

◆ 黄金的延展性较强。

◆ 铂金具有极强的耐腐蚀性。

◆ 铂金坚硬不易变形。

4.2.1 黄金、铂金类珠宝首饰设计

设计理念：这是一款吊式耳环的设计作品。通过丰富而又饱满的结构样式增强元素的设计感。

色彩点评：以黄金为主要材质进行

展示，通过材质的金黄色使其更加高贵大气。

❶ 吊式结构由多个相互连接、嵌套的环形组合而成，使元素的呈现得以延展，并能够让耳环随着佩戴者的行走产生跃动的效果，使佩戴效果更具动感。

❷ 在黄金材质之上镶嵌细小的钻石进行点缀，使装饰效果更加闪耀。

❸ 大量宝石的呈现，使耳环能够在任何光线下都闪闪发光。

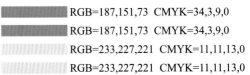

RGB=187,151,73 CMYK=34,3,9,0
RGB=187,151,73 CMYK=34,3,9,0
RGB=233,227,221 CMYK=11,11,13,0
RGB=233,227,221 CMYK=11,11,13,0

这是一款戒指的设计作品。选用铂金材质的戒托来承载钻石，闪耀的钻石与纯洁的银白色铂金材质相搭配，使其看上去更加优雅、高贵。

RGB=218,214,215 CMYK=18,15,13,0
RGB=222,23,224 CMYK=15,11,11,0
RGB=9,9,10 CMYK=90,85,84,75

这是一款戒指的设计作品。选用铂金手工打造的纯银戒圈独特而又富有设计感，搭配爪镶的钻石和K金材质的圆环进行点缀，打造结构饱满、样式独特的装饰效果。

RGB=206,207,202 CMYK=23,17,20,0
RGB=241,242,230 CMYK=7,4,12,0
RGB=246,206,131 CMYK=7,24,53,0

4.2.2 黄金、铂金类珠宝首饰设计技巧——环绕的形式增强设计感

黄金是一种质地较为柔软的材质，在珠宝首饰设计的过程当中，可将其设置为环绕的形式，增强较小元素的设计效果，使其更加生动柔和。

这是一款钻石戒指的设计作品。以环绕的黄金材质为媒介，使元素整体的呈现效果更加生动柔和，并以钉镶的形式将钻石进行紧密的镶嵌，使元素更加闪耀。

这是一款戒指的设计作品，黄金材质与钻石材质的结合使元素更加大气、高贵。相互环绕交错的曲线线条增强了元素的设计效果，使其更加丰富饱满。

配色方案

双色配色

三色配色

五色配色

佳作欣赏

4.3 银

银与金属材质相同，有着悠久的历史，但与黄金材质相比，是一种相对不稳定的元素，属于过渡金属的一种。

特点：

◆ 具有良好的延展性。

◆ 是一种相对不稳定的金属。

◆ 易氧化。

设计理念：这是一款耳环的设计作品。银质材质的单独呈现，打造出纯净简约的装饰效果。

色彩点评：银色可使元素更加简约柔和。

① 该作品以"叶子"为设计主题，通过曲线线条之间的组合连接与主题相互呼应，打造出简约而又逼真的装饰效果。

② 细致的线条与大面积的镂空效果使其更加轻巧独特。

③ 纵向的线条装饰元素时尚百搭，有助于修饰脸部线条。

RGB=212,206,206 CMYK=20,19,16,0
RGB=212,206,206 CMYK=20,19,16,0
RGB=212,206,206 CMYK=20,19,16,0
RGB=201,185,160 CMYK=26,28,37,0

这是一款项链的设计作品。将黑色橡胶材质与纯银材质和黄铜材质综合运用，通过极简主义的设计形式可以打造出轻巧而又独特的装饰效果。

■ RGB=43,41,39 CMYK=80,76,76,54
RGB=239,240,234 CMYK=8,5,9,0
■ RGB=170,134,164 CMYK=24,50,84,0

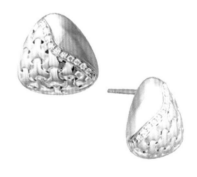

这是一款耳钉的设计作品。利用纯银材质的多层次结构丰富表面的装饰效果，使元素更加饱满且富有设计感，配以细小的钻石对中心区域进行规整化的装饰，打造出动静结合的装饰效果。

■ RGB=138,144,144 CMYK=53,44,38,0
RGB=224,225,229 CMYK=14,11,8,0
RGB=215,219,222 CMYK=19,12,11,0

4.3.2 银类珠宝首饰设计技巧——几何图形的应用

由于珠宝首饰的展示面积有限，因此几何图形的美感会在珠宝首饰当中被无限放大，使人们将视线集中于此，丰富元素的装饰效果。

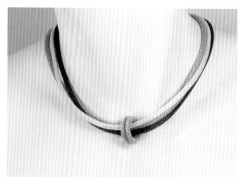

这是一款项链的设计作品。以简单的几何图形为主要装饰元素，两组图形的呈现大致相似，却也存在着较小的差异，打造统一且富有变化效果的装饰元素。

这是一款网状项链的设计作品。以银质的圆环为主要装饰元素，通过圆环的叠加搭配增强元素的层次感，打造简约却不简单的装饰效果。

配色方案

双色配色

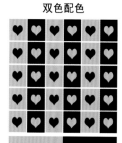

三色配色

五色配色

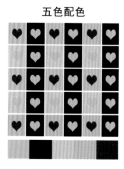

佳作欣赏

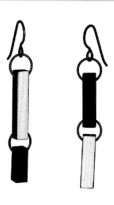

4.4 珍珠

珍珠是一种有机的古老的宝石,自然界中的珍珠种类丰富,其形态各异,色彩斑斓。我们可大致将珍珠分为淡水珍珠和海水珍珠,但不论是哪种类型,都凸显着高雅的气质,深受人们的喜爱。

特点:

◆ 色泽自然。

◆ 形态柔和。

◆ 光泽感强。

4.4.1　珍珠类珠宝首饰设计

设计理念：这是一款耳钉的设计作品。以"光环"为设计主题，通过元素展现的形式与主题形成呼应，使元素俏皮而又充满活力。

色彩点评：白金色的金属材质与饱满柔和的银色珍珠相搭配，使其更加温和、纯净。

🔘 将圆润的珍珠放置在中心区域，并通过展示元素大小的对比使其成为元素的视觉中心，奠定元素柔和而又饱满的视觉基调。

🔘 在珍珠周围以爪镶的形式对钻石进行环绕式镶嵌，使其与"光环"的主题形成呼应。

🔘 外圈发散式的白金材质使元素的呈现更具有张力。

RGB=218,218,218 CMYK=17,13,12,0
RGB=146,142,136 CMYK=50,43,43,0
RGB=219,215,203 CMYK=17,15,21,0
RGB=214,240,238 CMYK=7,6,7,0

这是一款珍珠项链的设计作品。将珍珠以大小的不同呈对称式进行均匀陈列，使样式简约而又统一的珍珠也呈现出均匀的变化效果，增强元素的设计感。

RGB=239,237,238 CMYK=8,7,6,0
RGB=219,218,214 CMYK=17,13,15,0
RGB=97,93,88 CMYK=68,62,62,13

这是一款吊式珍珠耳环的设计作品。简约而又圆润的珍珠与富有变化感的黄金结构形成了动静结合的变化效果，使元素的呈现简约却不简单。

RGB=223,195,155 CMYK=16,27,41,0
RGB=223,211,197 CMYK=16,18,22,0

珍珠的圆润与柔和搭配钻石的永恒与坚硬，这种富有对比的搭配效果能够使元素看起来更加饱满且充满设计感。

这是一款项链吊坠的设计作品。以白金材质作为镶嵌媒介，用于钻石和珍珠材质的镶嵌，以珍珠为主要展现元素，圆润、饱满，并在周围配以钻石进行点缀，使其更加闪耀、精致。

这是一款项链吊坠的设计作品。以环形为主要的设计结构，黄金材质的圆环将外圈的钻石和内圈的珍珠进行镶嵌，相同的形式与不同的材质打造丰富而又充满设计感的装饰元素。

配色方案

双色配色

三色配色

五色配色

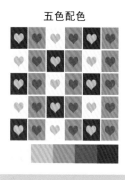

佳作欣赏

4.5 宝石

宝石是指将一些矿石经过琢磨和抛光处理后，达到一定要求的石料或矿物，该种矿石美丽而又贵重，多呈透明体，美感十足且具有一定的收藏价值。

特点：

◆ 具有导热性。

◆ 质地晶莹、光泽灿烂。

◆ 色彩多变、坚硬耐久。

设计理念：这是一款耳环的设计作品。通过层层连接的吊式结构增加元素的展示面积，以此来吸引受众的眼球，使其能够更加抢眼。

色彩点评：以蓝色调的宝石作为主要装饰元素，过渡自然的渐变效果使元素更加梦幻、独特，配以带有金属光泽感的金色和黑色，将整体元素的色调进行沉淀，营造出一种端庄而又高贵的视觉效果。

🔘 被氧化的纯银材质形成带有镂空效果的中心装饰元素，搭配金属圆环将海蓝宝石进行镶嵌，通过色彩和位置凹凸的对比将宝石元素进行突出展现。

🔘 发光的彩虹月长石呈水滴形状，与中心部分的装饰元素在形态上形成呼应，同时也选用了黄金材质将宝石进行镶嵌，使整体的展现效果和谐而又统一。

RGB=218,191,153 CMYK=19,28,42,0
RGB=116,123,131 CMYK=62,50,43,0
RGB=136,201,247 CMYK=49,11,0,0
RGB=105,134,173 CMYK=66,45,21,0

这是一款戒指的设计作品。选用形态不对称的粉红蓝宝石作为中心区域的装饰元素，浓郁而又浪漫的粉红色与带有光泽感的金银二色相搭配，打造厚重且复古的装饰元素。根据中心区域宝石的大致形状，在外侧饰有五颗较小的钻石进行点缀，使元素更加闪耀、精致。

这是一款手链套装的设计作品。将不同种类的宝石随机镶嵌在被氧化的椭圆形纯银材质之上，使其更加轻松自然。

■ RGB=154,50,83 CMYK=48,93,57,5
■ RGB=181,161,81 CMYK=37,36,76,0
■ RGB=52,42,30 CMYK=74,75,86,56
■ RGB=200,195,192 CMYK=25,22,22,0

■ RGB=93,97,100 CMYK=71,61,56,8
■ RGB=244,184,112 CMYK=6,36,59,0
■ RGB=165,44,58 CMYK=42,95,78,6
■ RGB=213,205,145 CMYK=22,18,49,0

4.5.2 宝石类珠宝首饰设计技巧——多变的色彩增强视觉感染力

宝石自身是一种色彩多变的元素，在珠宝首饰设计的过程中，可以合理有效地利用这一特点，将不同色彩的宝石进行结合，打造多变且时尚的装饰效果。

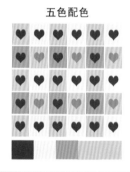

这是一款吊式耳环的设计作品。该元素上下两部分呈相对对称的形式，选用粉红碧玺和橄榄石作为装饰元素，通过不同风格的色彩打造优雅而又时尚的装饰元素。

这是一款项链吊坠的设计作品。选用蓝黄玉、橄榄石和紫水晶作为装饰元素，绿色、蓝色和紫色调的混搭效果配以银色将其进行沉淀，使其更加优雅大气。

配色方案

双色配色

三色配色

五色配色

佳作欣赏

4.6 翡翠

翡翠又称翠玉，在历史的长河中有着漫长而又丰富的发展历程，是一种由无数细小的纤维状矿物微晶相互之间交错而成的致密块状结合体，而在这些结合体中，多以硬玉材质为主。

特点：

◆ 具有较强的通透性。

◆ 寓意深厚、富有内涵。

◆ 气质优雅。

4.6.1 翡翠类珠宝首饰设计

设计理念: 这是一款翡翠耳环的设计作品。

色彩点评: 翡翠的翠绿色深浅不一,

通过色彩的变化效果增强元素呈现的层次感,搭配纯银材质的银色将浓郁的色彩进行中和,使其更加优雅、温和。

① 经过细致的雕琢使翡翠材质呈现出镂空的花纹效果,形态细致逼真,大小均匀统一,打造生动而又富有动感的装饰元素。

② 纯银材质与钻石元素对翡翠进行承接,在上下形成呼应,使元素的呈现更具整体性。

RGB=39,141,79 CMYK=80,31,87,0
RGB=1,79,21 CMYK=90,56,100,32
RGB=68,173,108 CMYK=71,12,72,0
RGB=173,166,163 CMYK=38,34,32,0

这是一款翡翠项链的设计作品。将色彩艳丽的翡翠镶嵌在葫芦的造型之内,在外形上塑造出正能量的象征意义,并在左右两侧相对对称的位置配以葫芦造型与其形成呼应,在对元素进行装饰的同时,也使元素的呈现更具整体感。

RGB=175,111,85 CMYK=39,64,67,0
RGB=251,218,202 CMYK=2,20,20,0
RGB=18,115,0 CMYK=86,44,100,7
RGB=35,203,6 CMYK=69,0,100,0

这是一款翡翠项链的设计作品。大小均匀、形态圆润的碧绿色翡翠通过白金材质的间隔进行紧密连接,配以白钻葫芦形吊坠和红宝石进行点缀,使其更加优雅而又富有内涵。

RGB=8,126,50 CMYK=85,39,100,2
RGB=191,189,192 CMYK=29,24,21,0
RGB=161,36,74 CMYK=45,98,63,5

在珠宝首饰设计中，元素呈现的形态与样式与它的美观程度不一定成正比，有时，简单而又具有识别性的设计效果看上去更加亲切、舒适，更容易让人接受。

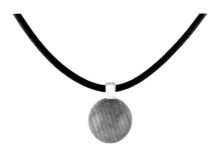

这是一款戒指的设计作品。该作品将复杂的结构和丰富而又密集的元素相结合，使元素的呈现较为混乱，营造出的视觉效果使人眼花缭乱。

这是一款项链吊坠的设计作品。将饱满的翡翠珠镶嵌在纯银材质的方形装饰元素之下，使元素的形态形成鲜明对比，打造简约大气的装饰元素。

配色方案

双色配色	三色配色	五色配色

佳作欣赏

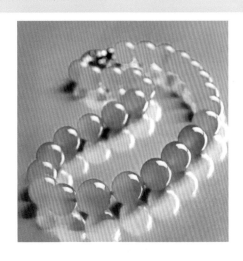

4.7 木质

当我们时常被精致所包围，对身边那些闪耀而又充满时尚感与现代感的元素产生审美疲劳时，适当的木质元素能够帮助我们回归大自然，通过浓厚而又温暖的色彩，和原始而又自然的视觉效果打动人心。

特点：

◆ 质量轻、有弹性。

◆ 成本相对较低。

◆ 表面质感良好。

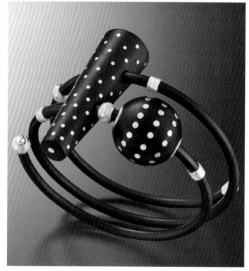

4.7.1 木质类珠宝首饰设计

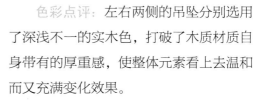

色彩点评：左右两侧的吊坠分别选用了深浅不一的实木色，打破了木质材质自身带有的厚重感，使整体元素看上去温和而又充满变化效果。

🔵 将厚重沉稳的橡木材质与圆润而又优雅的珍珠进行搭配，并利用镀金金属材质将二者之间进行连接，使元素看上去既经典又新潮。

🔵 橡木吊坠以大胆的几何图形形式进行呈现，简约而又不乏设计感。

🔵 镀金金属材质采用插镶的形式对元素进行镶嵌，牢固的镶嵌手法降低了对元素的遮挡面积，使元素得以更加完整地呈现。

| | RGB=200,111,55 CMYK=27,66,84,0 |
| RGB=229,158,64 CMYK=14,46,79,0 |
| RGB=210,164,104 CMYK=23,40,63,0 |
| RGB=233,216,201 CMYK=11,18,21,0 |

设计理念：这是一款吊式耳环的设计作品。该作品通过组合元素之间所存在的差异来增强元素展现的视觉冲击力。

这是一款耳环的设计作品。以两个圆形为主要设计元素，统一而又抢眼。实木材质与镀金的黄铜材质相搭配，形成精致与温和的对比，增强元素呈现的设计感。

| | | | |
| RGB=16,69,46 CMYK=56,75,87,27 |
| RGB=176,102,53 CMYK=38,69,87,1 |
| RGB=76,39,14 CMYK=62,82,100,51 |
| RGB=246,228,197 CMYK=5,13,26,0 |

4.7.2 木质类珠宝首饰设计技巧——直线线条的呈现增添几何感

线条是珠宝首饰设计中常见的装饰元素，而不同样式的线条所呈现出的视觉效果各不相同，如直线线条通过其流畅而又笔直的视觉效果会使元素的呈现更加直爽、平静，增添元素呈现的几何感。

这是一款耳环的设计作品。椭圆形的黑檀木材质沉稳而又温和，搭配氧化的纯银耳线，为整体元素增添了一丝低调与平和。以相互交错的不规则红白线条作为装饰元素，使元素的呈现效果更加丰富，同时也增添了元素的流动感。

这是一款手链的设计作品。乌木材质的立方几何体可以进行旋转，丰富其展现效果，并利用直线线条和元素对几何体进行装饰，加深几何感的呈现，使其更加独特而又富有创意。

配色方案

双色配色

三色配色

五色配色

佳作欣赏

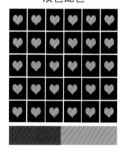
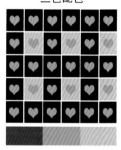
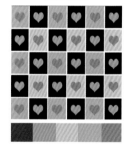

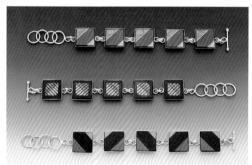

4.8 玻璃

玻璃是一种非晶无机非金属材料，在加入其他辅料的状态下能够改变其基本形状与颜色，将玻璃应用于珠宝首饰设计当中，能够使制作成本得到大幅度的降低，提升元素呈现的美感，同时还能够在设计和制作的过程中传达自然与环保的理念。

特点：

◆ 透明、折光。

◆ 粗糙、易碎。

◆ 质地硬且脆。

4.8.1 玻璃类珠宝首饰设计

设计理念：这是一款吊式耳环的设计作品。采用插镶的形式将展示元素进行镶嵌与连接，增加元素的呈现面积，使其更加轻巧、独立。

色彩点评：该作品整体选用暖色调色彩，柔和而又淡然的橙色调和黄色调相搭配，使其更加优雅、知性。

🔘 将玻璃、树脂和镀金金属材质进行结合，多种材质相结合给人丰富的视觉感受。

🔘 吊式结构的应用能够使耳环随着佩戴者的行走产生有节奏的律动感，使佩戴效果更具活力。

🔘 大面积的环形镀金金属材质与下方装饰元素的重量感形成鲜明对比，并通过镂空效果增强整体元素的通透感，避免厚重沉稳之感影响佩戴效果。

RGB=213,138,83 CMYK=21,55,69,0
RGB=183,140,86 CMYK=36,49,71,0
RGB=222,206,162 CMYK=18,20,40,0
RGB=240,229,213 CMYK=8,12,18,0

这是一款吊式耳环的设计作品。以爪镶的形式将两组大颗的玻璃石头进行稳固的镶嵌，通过通透和浓郁的色彩对比增强元素呈现的层次感，使其更加高贵、纯净。

RGB=83,46,31 CMYK=61,80,89,46
RGB=202,156,122 CMYK=26,44,52,0
RGB=236,220,195 CMYK=10,16,25,0
RGB=187,167,59 CMYK=35,34,86,0

这是一款吊式耳环的设计作品。以"瀑布"为设计主题，将闪闪发光的玻璃石头以链式结构规整地向下陈列，与主题形成呼应，打造层次丰富、结构饱满的装饰效果。

RGB=129,96,75 CMYK=56,65,72,11
RGB=231,210,199 CMYK=11,21,20,0
RGB=199,189,162 CMYK=27,25,38,0

4.8.2 玻璃类珠宝首饰设计技巧——不同形态的结合使装饰效果更加丰富

在珠宝首饰设计当中，将相同样式的元素进行组合搭配，可以营造出统一而又和谐的装饰效果，而为了使装饰效果更加丰富活跃，可以选用不同的样式和色彩进行组合，通过这种打破常规的设计手法引人注目。

这是一款手链的设计作品。将不同样式和色彩的玻璃材质进行结合，通过色彩的对比，和大小、样式的变化效果增强元素的层次感与设计感。

这是一款圈式耳环的设计作品。选用四种不同样式和色彩的玻璃材质进行组合搭配，营造出轻巧、多变的装饰效果。

配色方案

双色配色

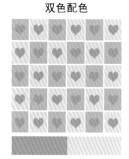

三色配色

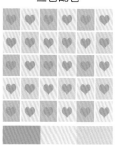

五色配色

佳作欣赏

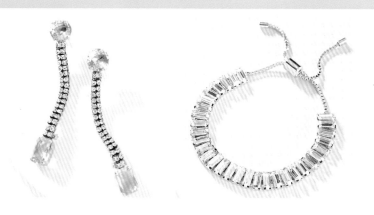

4.9 皮革

随着珠宝首饰行业的不断发展，在设计的过程中所应用到的材料范围也越来越广泛，其中皮革材质以其舒适的手感和具有时代气息与原生态气息的特点深受人们喜爱。

特点：

◆ 具有自然的纹理感和光泽感。

◆ 花色品种繁多。

◆ 具有防水性。

设计理念：这是一款吊式耳环的设计作品。该元素通过风格统一的形态和色彩打造时尚而又和谐的装饰元素。

色彩点评：该作品以紫色为主色调，通过纯度和饱和度的变化使元素看上去更具层次感。配以深卡其色对色调进行沉淀，使元素看上去平和而又饱满。

🌸 以彩色皮革为主要的展示元素，轻薄却有着十足的质感，使装饰元素看上去更加柔和时尚。

🌸 为最下方的皮革添加丰富的纹理，增强展示元素的艺术效果。

🌸 利用吊式结构的设计增强元素的律动感。

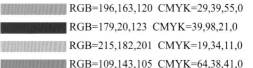

RGB=196,163,120 CMYK=29,39,55,0
RGB=179,20,123 CMYK=39,98,21,0
RGB=215,182,201 CMYK=19,34,11,0
RGB=109,143,105 CMYK=64,38,41,0

这是一款吊式耳环的设计作品。选用带有丰富纹理的皮革材质作为主要的展示元素，无彩色系中的黑、白、灰，搭配具有渐变效果的紫色调，使其更加富有艺术气息。

RGB=182,187,183 CMYK=34,26,26,0
RGB=208,208,200 CMYK=22,16,21,0
RGB=150,91,97 CMYK=50,73,56,3
RGB=229,200,168 CMYK=13,25,35,0

这是一款项链的设计作品。上半部分选用鹿茸材质皮带，使元素的整体效果与自然更加贴近。搭配流苏吊坠和一系列珠子，采用丰富的设计元素与平静的皮革材质进行中和，形成动静结合的视觉效果。

RGB=69,60,53 CMYK=72,71,74,39
RGB=178,128,81 CMYK=37,56,72,0
RGB=210,210,189 CMYK=22,16,28,0
RGB=146,149,111 CMYK=38,43,59,0

4.9.2 皮革类珠宝首饰设计技巧——皮革与金属的搭配

金属材质光滑而又精致，皮革材质细腻且有质感，将两种不同风格的元素进行混合搭配，所碰撞出的视觉效果更具冲击力。

这是一款皮革手链套装的设计作品。将纯黑色的皮革与金属材质相搭配，柔软的皮革和坚硬的金属形成鲜明对比，增强元素的视觉冲击力。

这是一款混搭皮革手链的设计作品。将皮革与镀银的锡制合金相搭配，大胆而又富有个性化的搭配方案增强了元素的质感，使其更加独特。

配色方案

双色配色

三色配色

五色配色

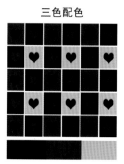

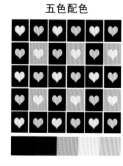

佳作欣赏

4.10 贝壳

贝壳是一种源于大自然的元素，在快节奏的都市生活中，贝壳类首饰通过其独特的自然魅力，被越来越多的人所追求与喜爱。

特点：

◆ 自然气息浓厚。

◆ 外形美观、质地坚硬。

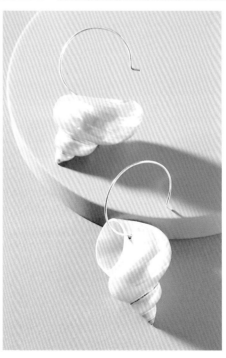

4.10.1　贝壳类珠宝首饰设计

设计理念：这是一款项链的设计作品。该作品为上中下结构，三种不同类型的元素叠加，打造丰富而又富有艺术气息的装饰元素。

色彩点评：选用的贝壳以乳白色为底色，搭配色泽浓郁的深红色作为点缀，过渡自然的色彩变化搭配纵向的纹理，丰富元素的展示效果。

① 在天然壳的外侧镶有一圈镀金金属，与上部的链式结构材质形成呼应，使整体的装饰效果更加和谐统一。

② 以通透的玻璃珠材质将上下两结构进行过渡，自然而又简约，营造出优雅、纯净的装饰效果。

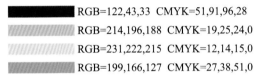

RGB=122,43,33　CMYK=51,91,96,28
RGB=214,196,188　CMYK=19,25,24,0
RGB=231,222,215　CMYK=12,14,15,0
RGB=199,166,127　CMYK=27,38,51,0

这是一款吊式耳环的设计作品。以天然的螺旋贝壳为主要的装饰材质，通过饱满的形态与丰富的层次吸引受众眼球，与相同色系的金属材质进行连接，使其更加热情、华丽。

RGB=265,190,1232　CMYK=11,13,56,0
RGB=239,229,220　CMYK=8,11,14,0
RGB=245,168,86　CMYK=5,44,69,0
RGB=226,203,169　CMYK=15,23,36,0

这是一款珍珠吊式耳环的设计作品。选用镀金金属、玻璃石、天然贝壳和淡水珍珠材质构成多层次的装饰元素，打造璀璨、自然、饱满而又富有设计感的装饰元素。

RGB=178,151,121　CMYK=37,42,53,0
RGB=224,186,137　CMYK=16,37,49,0
RGB=202,124,40　CMYK=26,60,82,0
RGB=215,211,208　CMYK=19,16,16,0

在珠宝首饰设计的过程中，将细小的元素进行叠加处理能够使链式结构看上去更加丰富饱满，增强元素的设计效果。

这是一款项链的设计作品。将闪闪发光的贝壳和淡水珍珠结合成链式，奇特而又丰富的样式构成饱满的结构，打造自然而又丰富的装饰效果。

这是一款项链的设计作品。将镀金金属、淡水珍珠、石英和天然贝壳材质进行结合，中心区域逼真的花朵样式使整体元素与自然进一步贴合。

配色方案

双色配色

三色配色

五色配色

佳作欣赏

第5章　珠宝首饰的镶嵌工艺

当珠宝首饰作品呈现在受众眼前时，它的美观与否与镶嵌工艺有着密不可分的联系。镶嵌工艺既决定着珠宝的稳固性，又决定着整体造型的美观性。通常情况下，我们可将珠宝首饰的镶嵌工艺分为爪镶、无边镶、包镶、轨道镶、插镶、密镶、柱镶、钉镶、夹镶、绕镶等形式，不同的镶嵌方式所应用到的技巧也是各不相同的，但无论是哪一种镶嵌方式，都有利与弊的对立关系，因此在镶嵌的过程中，应该熟练掌握不同种类珠宝的特点与镶嵌工艺的优缺点，只有将二者合理且实用地联系在一起，才能够创作出更容易打动人心的珠宝首饰作品。

5.1 爪镶

爪镶是一种最为常见且最为经典的镶嵌方式，通常情况下我们可以根据宝石的个数将其分为独镶和群镶两种，还可以通过对单个宝石的镶嵌方式将其分为三爪镶、四爪镶和六爪镶三种主要的镶嵌形式。

特点：

◆ 间隔均匀、大小一致。

◆ 减少对钻石的干扰。

◆ 简单实用。

5.1.1 爪镶设计

设计理念：这是一款项链的设计作品。

色彩点评：该作品以高明度、低饱和度的淡黄色调作为主色，打造清新、纯净的装饰效果，与银色的链条结构和半透明状的宝石相搭配，使其更加生动、富有活力。

🌸 外侧采用经典且常见的爪镶方式对宝石进行镶嵌，有效地避免了对宝石的大面积遮挡，使得宝石美感的呈现更加完整。

🌸 该作品的设计灵感来源于太阳，通过中心区域黄色的宝石与外圈呈发散状的宝石相搭配，营造出太阳的样式来与主题形成呼应，使其更加生动、逼真。

🌸 锁链式的结构环环相扣，稳固而又时尚。

RGB=224,246,133 CMYK=11,0,57,0
RGB=247,251,252 CMYK=4,1,2,0
RGB=168,177,188 CMYK=40,27,21,0
RGB=215,218,122 CMYK=23,10,62,0

这是一款钻石戒指的设计作品。将中心区域最大颗的钻石以爪镶的方式进行镶嵌，以减小其遮挡面积，并有利于光线从不同角度射入和反射，使宝石更加璀璨耀眼。

RGB=237,202,130 CMYK=11,25,54,0
RGB=187,196,201 CMYK=32,20,18,0
RGB=249,251,252 CMYK=3,1,1,0

这是一款戒指的设计作品。采用爪镶的镶嵌手法，将钻石固定在中心区域，并采用线条元素对钻石部分进行视觉上的突出和位置上的稳固，打造时尚而又耐用的装饰元素。

RGB=220,220,220 CMYK=16,12,12,0
RGB=250,250,250 CMYK=2,2,2,0

5.1.2 爪镶设计技巧——以爪镶的形式进行突出展现

爪镶的镶嵌方式由于其所占面积较小，大大降低了镶嵌过程中对宝石的干扰率，因此能够尽可能地将所镶嵌的宝石进行突出展现，使宝石的呈现更加完整、清晰。

这是一款钻石戒指的设计作品，以简洁而又纯净的四爪戒托进行呈现，可使钻石最大限度地发挥光彩，并配以金属戒环与其相搭配，打造简洁、大气而又优雅的配饰样式。

这是一款戒指的设计作品，向外突出的四爪戒托能够最大限度地吸引受众眼球，以此将受众的视线集中于中心的钻石区域，起到突出展示的作用。

配色方案

双色配色   三色配色   五色配色

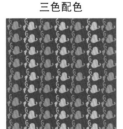

佳作欣赏

第 5 章 珠宝首饰的镶嵌工艺

93

5.2 无边镶

　　为了使作品能够更加完整地呈现在受众的眼前，不影响珠宝自身的美学价值，可以采用隐藏式镶嵌手法——无边镶来进行镶嵌，该种镶嵌方式是指，将镶嵌的边界进行隐藏，使镶饰的效果简洁悦目，整体的样式和造型更加精准、独特。

　　特点：

◆　过程繁杂、耗时较长。

◆　样式精致、难度较大。

5.2.1　无边镶设计

设计理念：这是一款戒指的设计作品。

色彩点评：该作品以银色为主色调，与通透而又闪耀的钻石相搭配，给人一种优雅、纯净而又细腻的视觉效果。

🔵 长方形的宝石以无边镶的形式进行镶嵌，使宝石与宝石之间紧密相连，这种精致的镶嵌方式使钻石的展现形式更加连贯，使该元素更具整体性。

② 在戒指上下两侧的边缘处分别饰有一排钻石对戒指进行进一步的装饰，整齐排列的钻石元素使佩戴效果更加闪耀、夺目。

③ 大量宝石的呈现使戒指能够在任何光线下都闪闪发光。

RGB=246,246,246　CMYK=4,4,4,0
RGB=189,189,189　CMYK=30,23,22,0
RGB=169,169,169　CMYK=39,31,30,0
RGB=235,235,235　CMYK=9,7,7,0

这是一款钻石戒指的设计作品。以无边镶的形式将宝石进行镶嵌，使其整体表面更加完全地呈现在受众眼前，打造璀璨夺目的装饰效果。

■ RGB=133,103,84　CMYK=54,56,51,2
■ RGB=60,82,83　CMYK=81,64,63,20
■ RGB=130,175,230　CMYK=53,25,0,0
□ RGB=255,255,255　CMYK=0,0,0,0
■ RGB=173,172,190　CMYK=38,31,18,0

这是一款钻石戒指的设计作品。将四颗方形的钻石以无边镶的镶嵌形式进行连接，并采用爪镶的形式对钻石的外侧进行固定，打造简约而又大气的装饰效果。

RGB=240,240,240　CMYK=7,5,5,0
■ RGB=151,151,151　CMYK=47,38,36,0
□ RGB=254,254,254　CMYK=0,0,0,0
■ RGB=214,214,214　CMYK=19,14,14,0

5.2.2 无边镶设计技巧——多种镶嵌形式的结合使造型看上去更加饱满

珠宝首饰设计的镶嵌方式不是一成不变的，有时我们可以在同一作品之上采用两种或两种以上的镶嵌方式来丰富元素的呈现效果，使其看上去更加饱满且富有视觉冲击力。

这是一款钻石戒指的设计作品。将爪镶与无边镶这两种镶嵌形式进行结合，用于区分元素呈现的主与次。同时也通过大量钻石的添加使元素更加耀眼夺目。

这是一对耳环的设计作品，该作品采用无边镶的形式将钻石与钻石之间进行紧密相连，并在左右两侧添加用以固定宝石的金属元素，将美观与实用共同注入作品当中。

配色方案

双色配色

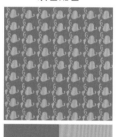

三色配色

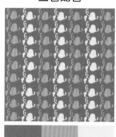

五色配色

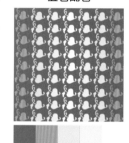

佳作欣赏

5.3 包镶

包镶是众多镶嵌方式之中，最为传统和稳固的一种，该方式是指在镶嵌的过程中，利用金属将珠宝的四周都包镶起来，360° 无死角地保护珠宝，但同时也会大大提高珠宝的遮挡率，使其不能够完全呈现在受众的眼前，利弊参半。

特点：

◆ 能够更加全面地保护珠宝。

◆ 稳固程度高。

◆ 加工过程复杂，成本高。

5.3.1 包镶设计

设计理念：这是一款黄金红宝石边框吊式耳环的设计作品。

色彩点评：该作品以浓郁而又深邃的紫色为主色调，高浓度与高饱和度的色彩与淡淡的金属光泽相搭配，使整体色彩的层次更加丰富，装饰效果更加沉稳。

　　① 将珠宝以包镶的手法进行镶嵌，只露出珠宝的部分表面，以此来增强珠宝镶嵌的稳固性。

　　② 吊式的设计以链式连接线结构来增加元素的展示面积，使其在佩戴的过程中更加抢眼，同时也因为链式结构的加入，使其在佩戴的过程中能够跟随佩戴者的行走而跃动，使装饰效果更具动感。

RGB=154,37,89 CMYK=49,97,51,3
RGB=159,76,109 CMYK=47,82,43,0
RGB=241,238,182 CMYK=8,18,31,0
RGB=253,240,215 CMYK=2,8,19,0

　　这是一款玫瑰金彩色心形花朵耳钉的设计作品。以包镶的镶嵌手法将宝石放置在中心区域，稳固而又抢眼，搭配心形的粉色调花瓣进行装饰，并通过交错的陈列方式增强元素的层次感与设计感。

RGB=252,230,225 CMYK=1,14,10,0
RGB=235,195,171 CMYK=0,33,31,0
RGB=241,241,245 CMYK=7,6,3,0
RGB=248,219,205 CMYK=3,19,18,0

　　这是一款耳钉的设计作品。利用纯银材质将钻石进行包裹，并将三组连接成曲线的线条形式，通过简单的造型打造生动且具有设计感的装饰效果。

RGB=244,244,244 CMYK=5,4,4,0
RGB=232,232,232 CMYK=11,8,8,0
RGB=216,216,216 CMYK=18,14,13,0
RGB=255,255,255 CMYK=0,0,0,0

包镶设计技巧——以包镶的形式打造内敛、平和的气质

由于包镶的独特形式，使得被包裹的钻石呈现面积相较于其他镶嵌形式下的钻石较小，因此包镶形式下的珠宝首饰设计呈现出的更多的是一种内敛而又平和的气质。

这是一款耳钉的设计作品，大面积的金属材质将钻石进行包裹，该种形式更好地保护了钻石的底部，同时也能够将受众的视线集中于裸露在外的钻石，使其更容易吸引受众的眼球。

这是一款耳钉的设计作品。由于钻石裸露面积较小，因此采用叠加的组合形式来弥补包镶的缺点，增强了产品的设计感与层次感。

配色方案

双色配色   三色配色   五色配色

佳作欣赏

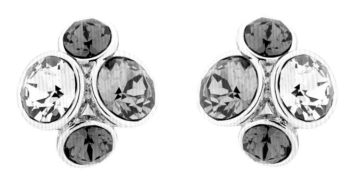

5.4 轨道镶

轨道镶是一种较为优雅的镶嵌手法，该种镶嵌方式是利用金属卡槽将宝石的左右两侧进行固定，使大小大致相似的宝石并排地陈列在槽位之中，连接成一条优雅的弧线线条。

特点：

◆ 具有连续性。

◆ 增强稳定性。

◆ 佩戴过程中能够避免皮肤损伤或钻石的磨损。

5.4.1 轨道镶设计

设计理念：这是一对耳环的设计作品。

色彩点评：以银色的白金材质对钻石进行包裹与镶嵌，银色调的表面使该元素更加优雅、知性，并配以通透的钻石与其相搭配，使其更加高贵、典雅。

🔹 轨道镶的镶嵌形式将钻石内置在白金材质的轨道内部，低调奢华而又不失内涵，为日常装扮增光添彩。

🔹 圆形镂空使整体的装饰效果更加通透平和，避免了呆板的样式效果，使装饰效果更加生动、轻巧。

RGB=255,255,255　CMYK=0,0,0,0
RGB=252,252,252　CMYK=1,1,1,0
RGB=226,226,226　CMYK=13,10,10,0
RGB=88,87,86　CMYK=71,64,62,15

这是一款戒指的设计作品。采用轨道镶的镶嵌形式，将大小统一的钻石并列地镶嵌在轨道内部，小巧精致的样式与独特的呈现方式，使钻石台面的美态得以尽情呈现。

RGB=225,200,147　CMYK=16,24,47,0
RGB=186,144,69　CMYK=35,47,80,0
RGB=222,225,221　CMYK=16,10,13,0
RGB=239,226,197　CMYK=9,13,26,0

这是一款耳环的设计作品。以圈式为主要的展现形式，并将钻石以轨道镶的形式进行镶嵌，使该元素具有微妙而又低调的气质，样式简单却足以引人注目。

RGB=235,235,235　CMYK=9,7,7,0
RGB=254,254,254　CMYK=0,0,0,0
RGB=87,87,87　CMYK=72,64,61,45

5.4.2 轨道镶设计技巧——简洁与复杂的对比

同样的镶嵌手法与不同的风格和样式进行搭配，所创造出的展现效果也是各不相同的，优雅的轨道镶与简洁的形式相搭配所呈现出的效果则是优雅而又内敛的，反之与复杂且充满设计感的样式相搭配，整体效果则更具个性化。

这是一对耳环的设计作品。选用白金材质装饰耳环的外表面，纯净、简洁而又低调，并将钻石以轨道镶的形式进行镶嵌，搭配牢固的扣环，打造时尚、典雅且别致的装饰效果。

这是一款项链的设计作品。以轨道镶的方式将钻石镶嵌在白金材质的圆圈式媒介之内，使吊坠能够在各个角度散发光芒，饱满的结构与精致的钻石相搭配，使其更加独特且充满个性化。

配色方案

双色配色

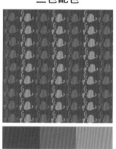

三色配色

五色配色

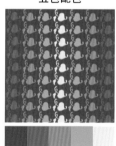

佳作欣赏

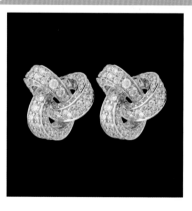

5.5 插镶

　　由于珠状或是近似于球状的宝石相较而言难以稳固，因此我们可以采用针对珍珠或是圆珠状宝石和琥珀等材质的一种镶嵌手段——插镶来解决此类问题。这是一种通过对宝石进行打孔后，用首饰托架上焊接的金属针来固定宝石的镶嵌手法。

　　特点：

- ◆ 提升牢固度。
- ◆ 整洁简约。
- ◆ 大气而充满艺术气息。

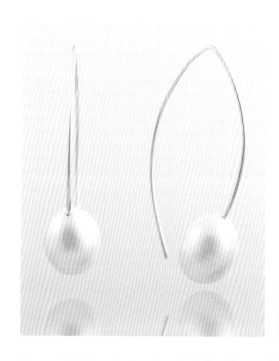

5.5.1 插镶设计

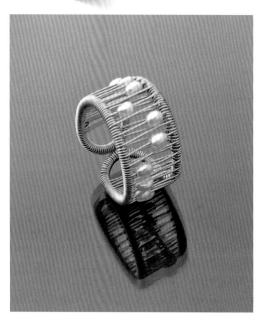

设计理念：这是一款戒指的设计作品。

色彩点评：大面积金色色彩的呈现与月光白色的珍珠相搭配，打造精致、时尚与优雅并存的装饰元素。

🌸 以插镶的形式将椭圆形的珍珠穿插在框架之上，通过不同高度与位置的变化形成上下交错的视觉效果，好似跳动的音符，使装饰效果更具律动感。

🌸 金属材质的线条缠绕在框架之上，使该元素更具层次感与结构感，丰富装饰效果。

🌸 椭圆形的珍珠可以在金属线上进行移动，通过随机的变化效果增强元素的装饰性。

RGB=218,176,142 CMYK=18,36,44,0
RGB=255,252,248 CMYK=0,2,3,0
RGB=160,151,152 CMYK=44,40,35,0
RGB=67,49,43 CMYK=70,76,78,47

这是一款项链吊坠的设计作品。以插镶的方式对珍珠进行镶嵌，增强吊坠的稳固程度，打造传统而又经典的样式效果。

RGB=234,229,226 CMYK=10,10,11,0
RGB=163,163,163 CMYK=42,33,32,0
RGB=233,219,213 CMYK=10,16,15,0

这是一对耳钉的设计作品。以纯银为主要材质，针对球体的呈现样式选择插镶的镶嵌方式，使其更加简约、独特。

RGB=238,238,238 CMYK=8,6,6,0
RGB=206,206,206 CMYK=23,17,17,0

5.5.2 插镶设计技巧——利用镶嵌形式突出珍珠的呈现

在一定情况下，宝石的呈现是珠宝首饰设计当中的重中之重，因此，我们可以利用有效的镶嵌形式尽可能地将珠宝进行大面积的展现。

这是一对耳钉的设计作品。利用插镶的镶嵌手法将金属针与珍珠进行连接，减小了承载物对于展现元素的干扰，使其更加简洁、美观。

这是一款吊式耳饰的设计作品。选用插镶的镶嵌手法，分别将上、下结构的珍珠进行镶嵌，打造样式大气、简洁的装饰元素。

配色方案

双色配色	三色配色	五色配色

 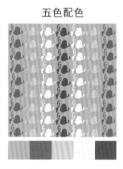

佳作欣赏

5.6 密镶

密镶是一种较为奢华的镶嵌方式，该种方式需要将较小的宝石密集地、呈对称形式地镶嵌在一起，宝石与宝石之间通过公用爪的形式进行固定，在镶嵌的过程中需要极为小心，以避免操作不当导致周围其他镶嵌好的钻石脱落。

特点：

◆ 结构饱满。

◆ 具有较强的装饰效果。

◆ 更容易凸显高贵与奢华。

5.6.1 密镶设计

设计理念：这是一款手镯的设计作品。

色彩点评：该作品以金色为底色，配以黑色将鲜亮而又充满活力的色彩进行沉淀，最后通过纯净而又耀眼的宝石的色彩使整体元素的气质得到升华，打造出精致、内敛而又不乏设计感的装饰元素。

🔵 通过密镶的设计手法将大量的小颗钻石镶嵌在半圆形的表面之上，密集的装饰效果使其更加高贵、耀眼。

🔵 该作品整体呈对称形式，无论是左右两侧两组半球体的位置，还是前后两侧展现元素的形式，均充满了对称、规则的美感。

	RGB=252,255,253 CMYK=1,0,2,0
	RGB=45,44,50 CMYK=82,78,69,48
	RGB=254,230,182 CMYK=2,13,33,0
	RGB=197,188,179 CMYK=27,26,28,0

这是一款手链的设计作品。作品将钻石分为五组，规整地陈列在六边形之中，密镶的镶嵌手法使元素的整体结构效果更加饱满。

■ RGB=141,144,148 CMYK=51,41,37,0
  RGB=215,216,218 CMYK=18,14,12,0
■ RGB=84,85,85 CMYK=73,64,32,17

这是一款手镯的设计作品。在圆环的外侧将钻石以密镶的形式进行镶嵌，通过简洁与复杂的对比来突出个别钻石的展现，打造璀璨而又时尚的装饰元素。

■ RGB=170,172,171 CMYK=39,30,29,0
  RGB=215,216,218 CMYK=18,14,12,0
■ RGB=115,116,117 CMYK=63,54,50,1

5.6.2 密镶设计技巧——曲线线条的应用使装饰效果更加生动

线条是珠宝首饰设计中必不可少的应用元素，不同样式的线条呈现所营造出的视觉效果也是各不相同的，例如，珠宝首饰设计中曲线线条的应用能够使元素的呈现效果更加优美、活跃且富有动感。

这是一款钻石戒指的设计作品。以柔和的曲线线条作为分割线，并采用密镶的设计手法将钻石进行紧密的镶嵌，打造饱满而又柔和优雅的装饰效果。

这是一款戒指的设计作品。以圆形和椭圆形为主要展现形式，采用众星捧月式的设计手法，将密镶与包镶的镶嵌形式进行结合，打造温和而又不乏设计感的装饰元素。

配色方案

双色配色

三色配色

五色配色

佳作欣赏

5.7 柱镶

　　柱镶是一种较为严谨并且带有一丝复古风情的镶嵌手法，它是指利用纤细的金属将每一颗钻石独立地分开镶嵌，而每一个用于镶嵌的细柱均要求大小粗细均匀，弯曲弧度一致，使装饰效果更加华丽、规整。

特点：

◆　有助于改善钻石自身的缺陷。

◆　凸显精致与高贵。

5.7.1 ▷ 柱镶设计

设计理念：这是一款钻石条纹戒指的设计作品。以柱镶的方式将每一颗钻石都进行独立镶嵌，打造独特而又充满设计感的装饰元素。

色彩点评：以带有光泽感的金属色泽为底色，打造华丽而又高贵的视觉基调，并与通透的钻石效果相搭配，使其更加精致、时尚。

● 通过线条元素对戒指的表面进行划分，并用于钻石的镶嵌，增强元素展现的秩序感。

● 长短不一的线条在戒指的表面形成参差不齐的交错效果，生动而又活跃。

RGB=227,214,170 CMYK=15,16,38,0
RGB=198,179,157 CMYK=27,31,38,0
RGB=212,205,159 CMYK=22,18,42,0
RGB=249,250,251 CMYK=3,2,1,0

这是一款戒指的设计作品。以柱镶的方式对每一颗钻石进行单独镶嵌，并通过白金材质的金属将钻石之间进行连接，形成规则的网格状，增强了元素之间的关联性。

RGB=231,231,231 CMYK=11,9,9,0
RGB=176,176,176 CMYK=36,29,27,0
RGB=249,249,249 CMYK=3,2,2,0

这是一款钻石戒指的设计作品。将彩色的钻石以相对对称的形式进行陈列，柱镶的镶嵌手法使得每一颗钻石都能够完美地呈现在受众的眼前，使其更加璀璨夺目。

RGB=178,178,178 CMYK=35,28,26,0
RGB=225,177,103 CMYK=14,38,7,0
RGB=235,236,155 CMYK=14,4,49,0
RGB=175,199,213 CMYK=37,16,14,0

柱镶的镶嵌形式严谨而又端庄，与生动的螺旋结构相搭配，能够有效增强装饰元素的活跃性，使其更加生动活泼，提升元素的装饰效果。

这是一款戒指的设计作品。将钻石以每三个为一组，采用柱镶的镶嵌手法，并配以金属材质的螺旋结构对整体进行装饰和承载，打造大气、端庄而又不失动感的装饰效果。

这是一款钻石手镯的设计作品。以螺旋元素作为装饰，使其更加生动活跃，同时又能够通过镂空部分增强透气性，搭配柱镶的镶嵌手法，打造精致生动而又充满设计感的装饰元素。

配色方案

双色配色

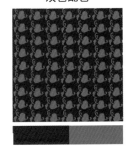

三色配色

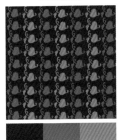

五色配色

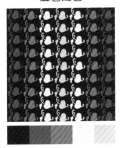

佳作欣赏

5.8 钉镶

钉镶是一种极其典型的镶嵌手法，是指在金属材料镶口的边缘处，利用工具铲出用以固定宝石边缘的小钉，该种镶嵌方式由于周围没有金属材质的遮挡，因此对于光线的射入和反射会更加强烈，使展示效果更加耀眼夺目。

特点：

◆ 装饰效果更加闪耀。

◆ 金属钉体积不宜过大。

◆ 金属钉表面光滑、大小一致。

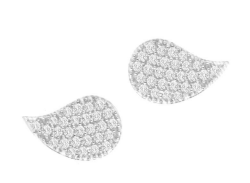

5.8.1 钉镶设计

设计理念：这是一款吊式耳环的设计作品。通过柔和而又浪漫的曲线线条增强元素的装饰效果，使佩戴者看上去更加优雅知性。

色彩点评：淡粉色调的珍珠与纯银材质的银色相搭配，使其整体更加优雅淡然。

🔵 采用钉镶的镶嵌手法将钻石进行固定，细小的钻石随着曲线线条的走向进行排列，由于没有金属材质过多的遮挡，钻石的呈现更加闪耀夺目。

🔵 在底部呈对称式地镶有一颗相对较大的珍珠作为主要装饰元素，通过大颗的球体对装饰效果进行沉淀，使其更加平和、优雅。

- RGB=199,176,180 CMYK=26,33,23,0
- RGB=251,251,252 CMYK=2,1,1,0
- RGB=179,179,179 CMYK=35,27,26,0
- RGB=223,223,223 CMYK=15,11,11,0

这是一对耳环的设计作品。采用钉镶的镶嵌手法将黑白两种颜色的宝石进行镶嵌，紧密而又低调，明确的色彩塑造出花朵的样式，增强元素的设计感。

- RGB=59,59,59 CMYK=78,72,69,38
- RGB=244,244,244 CMYK=5,4,4,0
- RGB=217,217,217 CMYK=18,13,13,0

这是一款耳钉的设计作品。以动物标识为主要设计载体，并以钉镶的形式将白色和绿色的水晶进行规则化的镶嵌，使蛇的形态栩栩如生，引人注目。

- RGB=1,169,130 CMYK=77,12,61,0
- RGB=255,223,162 CMYK=2,17,42,0
- RGB=218,208,199 CMYK=18,19,21,0
- RGB=85,66,46 CMYK=66,70,84,36

5.8.2 钉镶设计技巧——独特的造型和装饰元素增强个性化

钉镶是一种相对而言较为低调的镶嵌手法，因此为了使珠宝首饰的整体样式更加充满个性化，能够在众多珠宝之中脱颖而出，在设计的过程中可以通过样式独特且充满设计感的造型和装饰元素来吸引受众的眼球。

这是一款戒指的设计作品。以钉镶的镶嵌手法将宝石进行固定，并利用金属材质对元素进行装饰和点缀，使元素的整体效果更加生动逼真，打造个性化、真实化的装饰效果。

这是一款吊式耳环的设计作品。将珍珠以钉镶的镶嵌手法进行镶嵌。复古金色涂层贯穿整个作品，并配以虎头的装饰元素，打造个性化且带有一丝复古风格的装饰效果。

配色方案

双色配色

三色配色

五色配色

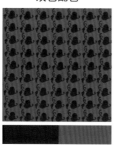

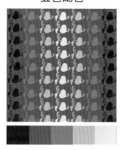

佳作欣赏

5.9 夹镶

夹镶又称迫镶，是一种利用金属之间的张力向内挤压，从而将宝石进行固定的镶嵌手法，时尚而又独特，现代感十足，但该种镶嵌手法固定位置有限，受力点较小，容易脱落。

特点：

◆ 时尚有个性。

◆ 宝石的呈现面积大。

5.9.1　夹镶设计

设计理念：这是一款钻石项链的设计作品。以"包裹"为设计主题，独特的设计手法与呈现样式使钻石更加耀眼。

色彩点评：将闪耀的钻石与玫瑰金色调进行融合，打造浪漫而又优雅的装饰效果。

🔵① 采用夹镶的镶嵌手法将宝石进行固定，时尚而又充满设计感。

🔵② 弧形的金属材质线条将钻石进行包围，与"包裹"的主题形成呼应，同时也对钻石起到重点突出的作用。

🔵③ 该款吊坠散发着奢华的精致和轻松的优雅，将闪亮的钻石和优雅的曲线装饰元素进行结合，打造出令人惊艳的女性化单品。

RGB=196,162,140　CMYK=28,40,43,0
RGB=230,229,245　CMYK=12,9,11,0
RGB=227,227,225　CMYK=13,10,11,0
RGB=145,117,98　CMYK=51,57,62,2

这是一款项链的设计作品。以环形的金属材质作为向内的受力点，将钻石进行固定，向后弯曲的曲线对钻石具有一定的突出展示作用，使作品主次分明，同时也使钻石更加耀眼。

RGB=242,242,242　CMYK=6,5,5,0
RGB=250,250,250　CMYK=2,2,2,0
RGB=212,212,212　CMYK=20,15,15,0

这是一款黄金珍珠吊坠的设计作品。利用黄金材质的贝壳向内的作用力将圆润的珍珠进行包裹，通过这种夹镶的镶嵌方式打造独特且充满设计感的吊坠样式。

RGB=243,234,225　CMYK=6,10,12,0
RGB=207,180,97　CMYK=26,31,69,0
RGB=219,154,7　CMYK=20,46,96,0
RGB=254,245,192　CMYK=3,4,33,0

5.9.2 夹镶设计技巧——巧用线条烘托钻石

线条是珠宝首饰设计中主要的装饰元素，在夹镶的镶嵌手法中，线条的呈现能够起到吸引眼球、突出元素的重要作用，产生一种众星捧月的视觉效果，使人们通过线条的引导将视线集中于钻石之上。

这是一款项链吊坠的设计作品。该作品以左右互不对称的曲线线条作为承载物，将钻石进行突出呈现，打造出时尚而又富有动感的装饰效果。

这是一款钻石耳钉的设计作品。钻石以优雅的泪珠状包裹在白金的曲线中，并通过突出的曲线线条对整体元素进行装饰，使其更加活泼抢眼。

配色方案

双色配色

三色配色

五色配色

佳作欣赏

5.10 绕镶

绕镶是一种常用于珠形或是随意形宝石的镶嵌手法，通过绕镶的形式，利用金属丝将珠宝环绕起来，以追求更加独特、稳固且充满设计感的镶嵌样式。

特点：

◆ 凸显整体效果的大气。

◆ 牢固而又时尚。

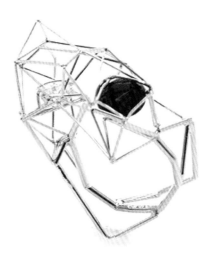

5.10.1 绕镶设计

设计理念： 这是一款吊式耳环的设计作品。

色彩点评： 该作品以银色为主色调，使其看上去更加纯净、温和，配以紫水晶的色彩进行点缀，为元素增添了一丝优雅与浪漫。

🔵 利用纯银材质的编织线编制一个带有镂空效果的球体，将紫色水晶进行包围，绕镶的镶嵌手法使其更加饱满且充满设计感。

🔵 采用纯银材质编织而成的空心球体饱满而又富有层次感，增强该元素对于佩戴者的装饰效果。

🔵 吊式耳环拉长了元素所占的面积，并使下方的吊坠能够通过佩戴者的行走而跃动，使装饰效果更具动感。

RGB=236,215,171 CMYK=11,18,37,0
RGB=225,225,225 CMYK=14,11,10,0
RGB=251,251,251 CMYK=2,1,1,0
RGB=162,132,54 CMYK=45,50,90,1

这是一款耳环的设计作品。该作品将绕镶与插镶的镶嵌形式进行结合，纯银材质的环绕使耳环充满活力，与巴洛克式珍珠相搭配，打造动静结合的装饰元素。

RGB=199,170,162 CMYK=27,36,32,0
RGB=253,253,253 CMYK=1,1,1,0
RGB=184,181,174 CMYK=33,27,29,0
RGB=166,162,154 CMYK=41,35,37,0

这是一款耳钉的设计作品。将三种颜色的金属材质进行结合，使耳环色彩丰富充满现代化的美感，搭配绕镶的镶嵌手法将中心区域的钻石进行突出展示，打造时尚而又不失设计感的装饰元素。

RGB=253,228,168 CMYK=3,14,40,0
RGB=253,205,163 CMYK=1,27,37,0
RGB=223,223,223 CMYK=15,11,11,0
RGB=250,247,244 CMYK=3,4,5,0

5.10.2 绕镶设计技巧——复杂的结构对元素进行装饰

简单的珠宝元素可以通过复杂结构进行进一步的装饰与点缀，既能够避免单调、无趣的设计效果，又能够使其看上去更加饱满而又富有设计感。

这是一款项链吊坠的设计作品。从整体结构上看，该元素采用绕镶的方式将珍珠镶嵌在内，并通过复杂的结构和多种形态元素的结合打造出青蛙的样式，使其看上去更加生动逼真。

这是一款项链吊坠的设计作品。采用多层次的环形结构对中心区域的珍珠进行装饰，增大了元素的展示面积，同时也利用外围的环形结构使中心区域的展示元素突出呈现。

配色方案

双色配色

三色配色

五色配色

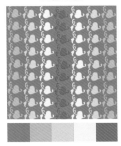

佳作欣赏

第6章 珠宝首饰的搭配设计

　　得体的时装造型和气质塑造得成功与否，与珠宝首饰的搭配有着十分密切的关系，珠宝首饰搭配设计在整体造型中有着不言而喻的超凡能力，它的塑造与点缀能够使整体造型更加饱满、立体，并增添亮点。

6.1 戒指

戒指是人手指的一种装饰元素，佩戴于不同的手指所蕴含的意义各不相同，也正因如此，人们赋予了戒指更多的内涵与纪念价值。我们可大致将戒指分为文字戒、镶嵌戒、鸡尾酒戒等。

特点：

◆ 小巧精致。

◆ 寓意性强。

◆ 方便保存。

6.1.1 戒指搭配设计

设计理念：该作品通过独特的造型、抢眼的色彩和夸张的比例使戒指本身变成最为突出的装饰元素。

色彩点评：整套搭配设计以黑色为主色调，稳重而又高雅，配以高饱和度的洋红色和鲜黄色作为点缀，增强了整体效果的视觉冲击力，使穿搭效果更加生动活跃。

① 圆润的球体造型看上去更加立体、突出，是整体装饰效果的点睛之笔。

② 精致优雅的服装造型凸显出知性与优雅之美，配搭个性化的戒指为点缀，增添了些许俏皮与活跃。

- RGB=254,36,174 CMYK=10,85,0,0
- RGB=252,239,5 CMYK=9,4,86,0
- RGB=28,37,44 CMYK=88,80,71,54
- RGB=8,12,15 CMYK=91,85,84,73

这是一款戒指的设计作品。整体造型以牛头的夸张样式呈现，配以色彩丰富的纹理加以装饰，从而获得了时尚而又新潮的装饰效果。

- RGB=229,220,209 CMYK=13,14,18,0
- RGB=83,159,77 CMYK=71,22,87,0
- RGB=19,42,102 CMYK=100,98,47,7
- RGB=223,87,74 CMYK=15,79,67,0
- RGB=237,159,75 CMYK=9,47,74,0

这是一款以珍珠为主要装饰材质的戒指设计作品，金属色泽的圆环以小幅度的锯齿状为点缀，与光滑而又圆润的珍珠形成鲜明对比，打造出温和而又不失设计感的装饰效果。

- RGB=241,237,234 CMYK=48,44,49,0
- RGB=250,251,253 CMYK=2,1,0,0
- RGB=151,119,96 CMYK=49,57,63,1
- RGB=36,45,52 CMYK=86,78,68,47

6.1.2 戒指搭配设计技巧——为作品赋予独特的含义

独特的含义是装饰元素设计的灵魂所在，将该种设计手法应用到戒指设计当中，能够使小巧而又精致的元素充满大大的能量。

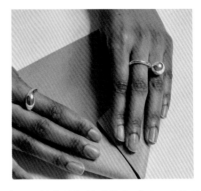

这是一款Bulgari以情人节为主题而设计的系列戒指。以"永不凋零的花朵"为设计理念，通过绽放盛开的花朵造型和优雅温婉的线条展示浪漫而又朦胧的悸动。

这是一款由纯银材质抛光雕琢而成的系列戒指设计。该系列以硬币及银器等物料循环再造，简约纯净的造型与环保和节能理念更加贴切。

配色方案

双色配色

三色配色

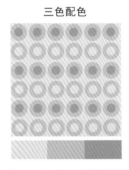

五色配色

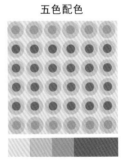

佳作欣赏

6.2 耳饰

　　耳饰是指佩戴在耳朵上的饰品。这种饰品材质众多、造型丰富，通常情况下我们可将其分为耳坠、耳环、耳钉三种。无论哪种饰品，在材质方面多以金属和宝石为主，除此之外还包括石头、木质材质和其他相似的硬物料等。

　　特点：

　◆　佩戴位置醒目，夺人眼球。

　◆　通常情况下与服饰配套。

　◆　修饰脸形，为整体造型画龙点睛。

6.2.1 耳饰搭配设计

设计理念：这是一款设计感较强的扇形耳环设计。

色彩点评：整体造型搭配以无彩色系中的灰色为主色调，通过色彩的呈现营造出温和优雅而又知性的视觉效果，配以色泽浓郁的深棕色和黑色作为点缀，整体效果更加丰富饱满。

🔘 为了与多层次服装效果和谐搭配，选用了颜色单一、层次丰富、造型醒目的耳环作为装饰元素，使配饰与服装相互呼应，获得了和谐统一的视觉效果。

🔘 耳环以弧线线条呈现，搭配放射性的直线作为装饰，呈现出活跃、轻快的装饰效果。

🔘 腰部配以豹纹样式的花纹作为点缀，增强了造型的层次感，使整体效果更加丰富，也在知性的风格中增添了一丝性感。

RGB=167,178,174 CMYK=40,26,30,0
RGB=93,96,101 CMYK=71,62,55,8
RGB=204,144,82 CMYK=26,50,71,0
RGB=2,14,10 CMYK=93,82,87,75

这是一款流苏式耳饰的设计作品。作品以红色线条作为主要装饰元素，并与金属材质搭配，获得了飘逸而又富有动感的装饰效果。

RGB=196,57,36 CMYK=29,90,96,1
RGB=180,165,118 CMYK=36,35,58,0
RGB=43,95,93 CMYK=85,57,63,13

该耳饰作品以珍珠为主要材质，并以金属将其环绕，加长的尺寸使其自然垂落在佩戴者的颈部，既能够修饰脸部和颈部的线条，又能够增强整体造型的装饰感。

RGB=219,35,37 CMYK=17,96,91,0
RGB=233,44,64 CMYK=9,92,69,0
RGB=223,32,48 CMYK=14,96,82,0
RGB=229,224,221 CMYK=12,12,12,0

服装与服饰的搭配总是相辅相成、互相衬托的，在设计的过程中，利用相互呼应的色彩能够使整体造型的关联性更加强烈，突出服饰搭配的主题与个性化。

整套服饰搭配采用青色调，通过深浅不一的色彩变换效果，使服饰搭配效果更加整体化。向下垂落的多层次耳环元素单一却结构饱满，为造型增添了更多设计感。

选用带有金属光泽的耳环作为装饰，与内搭和裤子的色彩相互呼应，并与蓝白色相间的格子外套形成鲜明对比，打造出个性化十足的穿搭效果。

配色方案

双色配色	三色配色	五色配色

6.3 胸针

胸针又称胸花，是一种佩戴于衣物上的能够起到装饰作用的别针，通常情况下我们可以将其佩戴于领口的左右两侧或中央，或是衣服胸前的左右两侧，可以起到为宽松衣服收腰、作为装饰配饰、固定围巾或是披肩等作用。

特点：

◆ 佩戴方式和位置多元化。

◆ 装饰效果强。

◆ 美观且实用。

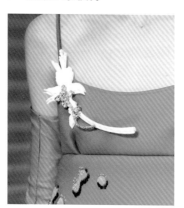 

6.3.1 胸针搭配设计

设计理念：作品利用色彩丰富的胸针对色调沉稳的服饰进行装饰与点缀，使整体装饰效果更加美观、生动。

色彩点评：整套服饰以黑色为背景色，为人物造型奠定了沉稳而又优雅的感情基调，然后选用冷暖色调相结合的胸针进行装饰，使多彩的胸针成为整体造型的点睛之笔。

❶ 选用与服装风格相统一的胸针进行点缀，以环绕的形式进行层叠，增强了装饰效果的层次感。

❷ 利用带有流苏装饰的手拿包作为低调而又不失存在感的点缀。

❸ 整体造型优雅却不失设计感，袖口和裙边蝴蝶结的设计使整体效果的层次感更加丰富，与此同时也通过垂落的衣带展现出飘逸优美的曲线。

- RGB=11,15,26 CMYK=93,89,75,67
- RGB=86,160,225 CMYK=66,29,0,0
- RGB=224,107,160 CMYK=16,71,12,0
- RGB=157,111,88 CMYK=49,62,66,2

将胸针佩戴于外套的侧边，选用同类色的配色方案，增强了整体效果的和谐之感，爬行的动物样式与手上的戒指相互呼应，打造出时尚而又富有设计感的装饰效果。

- RGB=197,188,171 CMYK=27,25,33,0
- RGB=166,132,87 CMYK=43,51,71,0
- RGB=222,207,174 CMYK=17,19,34,0
- RGB=0,0,5 CMYK=94,90,85,78

将胸针以左右两侧对称的形式放置，并以同类色的颜色进行区分，使整体造型工整而又充满变化感和设计感。

- RGB=39,44,64 CMYK=89,84,61,39
- RGB=14,15,17 CMYK=89,84,82,72
- RGB=141,110,44 CMYK=48,60,96,5
- RGB=232,226,204 CMYK=12,11,22,0

6.3.2 胸针搭配设计技巧——繁与简的结合

服装与配饰之间讲究合理搭配，过于烦琐或过于简单的造型都会使人产生审美疲劳，使整体造型设计失败，因此在设计的过程中，应该将繁与简进行合理的结合，使造型有主次之分。

深蓝色的毛呢大衣简约而又大气，凸显优雅沉稳的气质，将花朵样式的白色胸针佩戴于胸口的中心区域，层次丰富，结构饱满，装饰效果一目了然，繁简的合理搭配使装饰元素更加抢眼。

将胸针佩戴于领口部位，发散式的纯银装饰物中间镶嵌着绿色的宝石，高贵而又充满活力，为简约而又厚重的衣服增添了层次感与设计感。

配色方案

双色配色　　　　　　　三色配色　　　　　　　五色配色

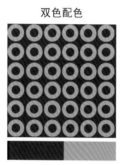 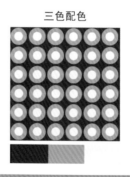 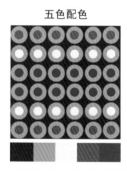

佳作欣赏

6.4 手链

手链是一种佩戴于手腕之上的链式装饰元素，在通常情况下多为金、银等金属材质，除此之外还会镶嵌珠宝进行点缀。

特点：

◆ 佩戴方便、提升气质。

◆ 造型多变、风格各异。

6.4.1 手链搭配设计

设计理念：这是一款手链的设计作品。

色彩点评：该作品采用时尚而又百搭

的金色作为主色调，带有光泽的金属材质使其更加精致优雅。

① 该作品将优雅而又柔和的链部结构和镶有钻石的装饰吊坠完美结合，好似舞动在线谱上的旋律，优雅至极。

② 细致的线条温婉灵动，搭配具有设计感的吊坠，时尚、知性而又独特。

③ 超长的链式结构使其不仅可以当作手链进行佩戴，还可以将其佩戴于颈部以及腰间等，多元化的创意使其本身更具魅力。

RGB=234,185,109 CMYK=12,33,62,0
RGB=212,170,146 CMYK=21,38,41,0
RGB=227,206,177 CMYK=14,21,32,0
RGB=217,221,220 CMYK=18,11,13,0

这是一款早春系列编织手链的设计作品。设计灵感来自美洲印第安人的手工艺，将"CHRISTIAN DIOR J'ADIOR"字样镌绣在手链之上，并配以流苏吊坠，使其更具民族风格。

RGB=129,123,25 CMYK=58,49,100,4
RGB=226,119,67 CMYK=14,65,75,0
RGB=140,111,116 CMYK=54,60,49,1
RGB=210,192,182 CMYK=21,26,26,0

这是一款以心形为主题的手链设计，青色与白色的配色方案使整体的装饰效果更加清爽自然，配以白金链条将二者之间进行连接，使装饰效果更加时尚、纯净。

RGB=65,173,176 CMYK=70,15,36,0
RGB=217,213,210 CMYK=18,16,16,0
RGB=233,234,229 CMYK=11,7,11,0
RGB=207,205,206 CMYK=22,18,16,0

通常情况下，我们可以粗略地以粗细程度将手链进行分类，然而在整体服装的搭配当中，手链的选择要与整体的服装配饰相协调，使装饰效果看上去更加和谐统一。

选用金属材质的表带式手链，结构结实稳固，具有较强的散热性，避免了夏季佩戴的闷热感。并与包包的链条相互呼应，打造出时尚而又美观的装饰单品。

配色方案

双色配色	三色配色	五色配色

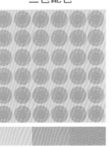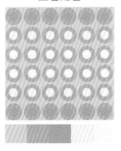

佳作欣赏

6.5 项链

项链是一种最早出现的佩戴于颈上的链式装饰元素，其在佩戴过程中除了修饰颈部线条以外，还可以对整体的服饰造型和主题进行突出和渲染。

特点：

◆ 能够修饰脸形与颈部线条。

◆ 提升造型层次感。

◆ 拉长、收缩身形。

6.5.1 项链搭配设计

设计理念：该造型选用字母项链作为主要的装饰元素。

色彩点评：将深浅不一的牛仔色进行合理搭配，突出了造型的层次感与个性化，

蓝黑色的抹胸上衣凸显身材，打造出时尚、新潮且不失性感的装饰效果。

① 字母项链的选用使整体造型更具设计感，横向的排列方式与抹胸上衣相互呼应，避免了上半身突兀、单调的装饰效果。

② 左右两侧用来连接字母的链条使性感的锁骨更加突出。

③ 黑色墨镜置于上衣中心处，为造型增添了一丝炫酷。

RGB=211,207,201 CMYK=21,18,20,0
RGB=20,29,34 CMYK=89,81,74,61
RGB=114,155,173 CMYK=61,32,28,0
RGB=27,56,74 CMYK=97,78,59,31

细小的珍珠短链呈现出精致而又乖巧的装饰效果，与学院风相搭配，使整体的穿搭效果更加时尚、独特、温和。

RGB=17,23,49 CMYK=97,96,63,51
RGB=214,26,25 CMYK=20,98,100,0
RGB=190,120,35 CMYK=33,60,96,0
RGB=221,214,206 CMYK=16,16,18,0

这是一款项链的设计作品。将色彩不同、颗粒饱满的珍珠以金属材质进行镶嵌，并连接在一起，呈现出多层次的，优雅、叛逆而又清新的装饰效果。

RGB=58,63,75 CMYK=81,74,60,28
RGB=212,169,179 CMYK=20,40,20,0
RGB=247,246,242 CMYK=4,4,6,0
RGB=203,40,42 CMYK=26,96,90,0

6.5.2 项链搭配设计技巧——让项链成为整体造型的画龙点睛之笔

项链元素所存在的本身即是整体造型的画龙点睛之笔，它的存在能够使整体造型更加精致完整，同时还能够通过该元素的加入丰富造型的层次感与变化感。

以黑色的高领内搭作为背景效果，搭配深 V 领的服饰，使露在外面的玫瑰金色项链格外抢眼，增添了整体搭配效果的层次感，并与上衣的圆点元素相互呼应。

秋冬季节的服装较为厚重，因此将项链元素的占比增大，增强其厚重感，与服饰的定位更加贴合，增强装饰效果，使其成为整体造型的画龙点睛之笔。

配色方案

双色配色

三色配色

五色配色

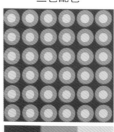

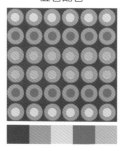

佳作欣赏

6.6 头饰

头饰是指戴在头部的装饰物，它的佩戴会直接影响到面部的美观。头饰的佩戴由于其位置关系，具有较强的装饰效果。

特点：

◆ 具有较强的装饰效果与修饰效果。

◆ 不同国家和民族的佩戴方式各不相同。

◆ 更容易彰显气质与个性。

6.6.1 头饰搭配设计

设计理念：该创意以花朵为设计灵感，将秀发与轻飘的羽毛丝带相融合，使观看者自然而然地联想到"绽放"与"盛开"等词汇。

色彩点评：整体造型以肉色为底色，配以紫色的花朵色彩和米色的刺绣纹理进行点缀，营造出梦幻而又温婉的视觉效果。

🌸 在头部佩戴灰橘色的羽毛丝带，行走间，轻柔的羽毛材质轻轻飘动，装饰效果柔媚而又梦幻。

🌸 薄纱材质的紧身裙凸显身材，使整体造型在温和中增添了一丝性感与优雅。

🌸 花朵元素贯穿全身，且富有丰富的层次感，使穿搭效果更加大气柔美。

RGB=214,165,125 CMYK=20,41,51,0
RGB=177,61,100 CMYK=39,88,47,0
RGB=235,235,213 CMYK=11,7,20,0
RGB=230,209,161 CMYK=14,20,41,0

将帽子作为头饰，其花纹、色彩与服装的风格样式和谐统一，增强了整体造型的关联性，打造出和谐统一的装饰效果。

RGB =154,90,88 CMYK=47,73,61,4
RGB=125,151,103 CMYK=59,33,68,0
RGB=208,227,135 CMYK=27,3,58,0
RGB=134,77,66 CMYK=52,76,73,15
RGB=40,43,50 CMYK=84,79,69,48

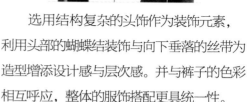

选用结构复杂的头饰作为装饰元素，利用头部的蝴蝶结装饰与向下垂落的丝带为造型增添设计感与层次感。并与裤子的色彩相互呼应，整体的服饰搭配更具统一性。

RGB=39,37,59 CMYK=88,88,61,42
RGB=245,236,239 CMYK=4,10,4,0
RGB=86,88,64 CMYK=70,60,79,22
RGB=221,135,22 CMYK=17,56,95,0

6.6.2　头饰搭配设计技巧——利用材质的不同定位风格

不同的材质具有不同的特性，所营造出的装饰风格和效果也各不相同，因此在头饰选择的过程中，除了样式的筛选，还要注重材质与整体服饰的协调性。

该造型选用丝带材质的头饰作为装饰物，浓郁高雅的宝石蓝色与性感的红唇和围巾，打造出时尚且充满复古风情的造型效果。

将大量的钻石镶嵌于头饰之上，并佩戴在头发之上展现于额头之前，具有十足的视觉冲击力，搭配精简干练的发型，整体造型优雅而又高贵。

配色方案

双色配色

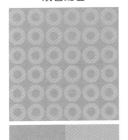

三色配色

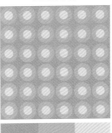

五色配色

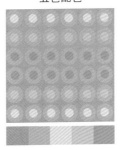

佳作欣赏

6.7 袖口

袖口装饰元素种类丰富，样式多变，对服装的袖口处进行合理装饰，能够为整体的装饰效果增光添彩，提升设计感。

特点：

◆ 种类多变，选择性多。

◆ 时尚独特，能够起到画龙点睛的作用。

6.7.1 袖口搭配设计

设计理念：这是一款服装袖口处的装饰设计。以珍珠为主要装饰元素，通过大

面积的占比和直线线条的呈现形式增强其曝光度，使其在整体造型中更加抢眼。

色彩点评：淡粉色调的服饰与纯净的白色珍珠搭配，增强了整体造型的少女感，给人一种温和而又甜美的视觉感受。

🔹 选用淡粉色的薄纱材质制作服装，搭配轻柔的羽毛在裙摆处作为点缀，使整体造型更加清新，且富有动感。

🔹 将珍珠元素贯穿于整体造型，在腰部、袖口处和手部都采用珍珠进行装饰，使服饰搭配更具整体感。

RGB=215,183,172 CMYK=19,32,29,0
RGB=13,13,13 CMYK=88,84,84,74
RGB=214,185,187 CMYK=19,31,21,0
RGB=227,222,226 CMYK=13,13,9,0

这是一款袖口处的装饰元素设计。清新而又富有动感的造型搭配纯净的白钻和带有一丝复古风情的绿色钻石，使整体造型更加高雅。

RGB=237,205,190 CMYK=9,24,24,0
RGB=243,238,236 CMYK=6,7,7,0
RGB=4,108,73 CMYK=88,48,85,10
RGB=110,89,84 CMYK=63,66,63,13

将服装设置为淡淡的绿色调，清新而又优雅，在袖口、衣领和胸口处设置叶子形状的装饰元素对服装进行点缀，使整体造型更具层次感和清新感。

RGB=200,203,182 CMYK=27,17,31,0
RGB=220,222,209 CMYK=17,11,20,0
RGB=140,91,59 CMYK=51,69,83,11
RGB=177,182,162 CMYK=37,25,38,0

6.7.2 袖口搭配设计技巧——袖口绑带的加入使造型更具设计感

袖口的绑带是日常生活中较为常见的装饰元素，它的应用能够为服装造型锦上添花，在无形之中增添浓郁的设计感，美观而又时尚。

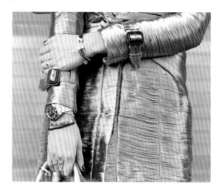

在服装的袖口处设置绑带装饰元素，其色彩和材质与服装的整体效果相统一，在巩固原有风格的基础上对服装进行进一步的装饰，使袖口效果更加饱满且具有设计感。

镭射材质的面料新潮而又时尚，在袖口处设置相同材质的袖口绷带对服装进行装饰，并配以黑色的卡扣进行点缀，将清淡的色彩进行沉淀。

配色方案

双色配色

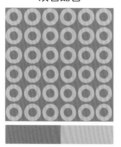

三色配色

五色配色

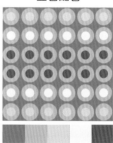

佳作欣赏

第7章 珠宝首饰设计的秘籍

在珠宝首饰设计实施的过程中，对选材、制作工艺和新兴工艺技术等相关专业性知识与技术要求也越来越高，对于设计作品的美观要求也随之提高，因此在设计的过程中，设计师们应了解更多的设计技巧，以便设计出更加优秀、出色的作品。

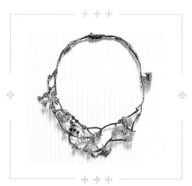

7.1 珠宝，会随着身体的节奏而跃动

吊式的珠宝首饰设计，由于其多层次、多结构的设计特点，在佩戴的过程中会随着佩戴者身体活动的节奏而产生相应的变化，存在感较强，能够增强元素对于佩戴者的装饰效果。

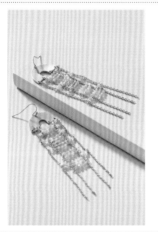

这是一款吊式耳环的设计作品。

- 耳环采用吊式的设计形式，以金属材质为主，并通过玻璃珠将内侧的两根金属链条加以连接，增强设计感的同时也将链条进行合理规划，避免链条之间的相互碰撞与摩擦而产生的打结现象，提升了佩戴者的体验感。
- 弧形结构和简单的线条元素打造出柔和而又大气的装饰效果。

这是一款吊式耳环的设计作品。

- 该作品通过丰富的层次和饱满的设计结构获得了生动且更具设计感的装饰效果。
- 作品由上到下采用元素逐层递增的方式来增强设计感。
- 淡水珍珠和金属元素的结合使其更加优雅、精致。

这是一款吊式耳环的设计作品。

- 该作品以"星星"和"月亮"为主要的设计元素，采用吊式结构将"月亮"进行充分展示，使装饰效果更加显眼。
- 采用金属、玻璃和立方氧化锆材质，打造出生动而又温婉的装饰效果。
- 这款月牙形耳环的装饰效果更加梦幻、独特。

根据服装和妆容进行合理搭配

配饰与整体造型是相互作用的关系，二者之间相互成就，因此在选择珠宝首饰时，要对佩戴者的妆容和服装风格进行综合考虑，让整体造型看起来更加完整、饱满，同时也增添了个性化与趣味性。

这是一组以"不对称"为主题的珠宝首饰设计。

- 极简主义的设计风格，采用简单的圆形图形和直线线条作为设计元素，与裸妆的妆面效果和简单的黑色上衣形成相互呼应之势。
- 耳环采用左右两侧不对称的设计形式，搭配中心点向右倾斜的项链元素，使简单的配饰也具有较强的设计感，丰富了装饰效果。

这是一款耳环的设计作品。

- 巴洛克风格的枝形吊式耳环整体造型温婉、优雅，不失设计感。
- 以黄铜材质和淡水珍珠材质共同打造的镀金耳环，丰富而又饱满的层次结构与带有花边领的花朵刺绣白色上衣形成相互呼应之势。

这是一款耳环的设计作品。

- 深色调的清漾青色高贵、优雅，大气中又带有一丝复古气息，因此选用水晶材质的耳环与其进行搭配，可以尽显高贵与典雅。
- 以镀金黄铜和水晶材质搭配，使这款充满活力的水晶枝形耳环更容易为佩戴者增光添彩。

7.3 低饱和度的配色方案打造更加知性、柔和的装饰效果

色彩的饱和度是指色彩的鲜艳程度，是色彩构成的要素之一。将低饱和度的色彩应用于珠宝首饰设计当中，柔和平稳的色彩更容易凸显佩戴者的知性与优雅。

这是一款戒指的设计作品。

● 该作品整体采用柔和的淡粉色调，与银色的戒圈搭配，通过低饱和度的配色方案打造出温和、优雅的装饰效果。

● 这是一款纯手工打造的戒指，不同形态的施华洛世奇水晶使戒指成为世界上独一无二的存在。

这是一款吊式耳环的设计作品。

● 低饱和度的紫色调形成淡淡的、柔和的视觉效果，使整体效果看上去更加知性、高雅。

● 采用施华洛世奇水晶材质作为主体，通过手工雕刻形成精致而又通透的切面效果。

这是一款吊式耳环的设计作品。

● 选用低饱和度的黄色调吊坠作为主体的装饰元素，通过淡雅的色彩和柔和的线条打造出知性而又不失鲜活的装饰效果。

● 经典的鱼钩扣使整体效果看上去更加温婉动人。

7.4 过渡自然的色彩渐变使珠宝首饰更加优雅动人

渐变色是日常生活中一种常见而又普遍的色彩，将其应用于珠宝设计当中，过渡自然而又柔和的渐变效果使珠宝首饰更加柔和优雅。

这是一款耳环的设计作品。

● 以彩虹月光石为主要设计元素，色彩丰富的宝石过渡自然而又柔和，打造出浪漫、优雅的装饰效果。

● 将闪闪发光的宝石镶嵌在玫瑰金材质之上，不规则的镶嵌方式与不规则的月光石造型相互呼应，使整体效果看上去更加自然、精致。

这是一款吊式耳环的设计作品。

● 该作品以粉红色为主色调，由外向内，由深至浅，渐渐过渡到半透明状态，打造出浪漫而又梦幻的装饰效果。

● 采用玫瑰切割钻石对元素加以装饰，通过色彩与大小尺寸的过渡，使整体给人一种和谐统一之感。

这是一款项链的设计作品。

● 选用以蓝色为主色调的吊坠进行装饰，不规律的过渡效果自然而又柔和，使其极具艺术气息。

● 采用玛瑙切片为这款串珠吊坠项链增添魅力。

7.5 强烈色彩冲撞使其更具艺术气息

色彩是一种极具表现力的装饰元素，在珠宝首饰设计的过程当中，强烈的色彩冲撞效果能够使佩戴者更具个性化，起到更加生动、抢眼的装饰效果。

这是一款吊式耳环的设计作品。

- 在作品底部设置彩色的流苏装置，高饱和度的彩色搭配效果能够在瞬间提升佩戴者的个性化风格，增强装饰元素的视觉冲击力。
- 采用镀金锌、搪瓷壳、玻璃石和聚酯线材质，创造出结构饱满、层次丰富的装饰元素。

这是一款项链的设计作品。

- 采用红色和蓝色这对对比色的配色方案，形成强烈的视觉冲击力，使其更容易吸引受众的眼球，创造出个性化的装饰效果。
- 通过简单的图形创造出可爱俏皮的拟人效果。

这是一款项链的设计作品。

- 该作品选用饱和度较高的多种色彩进行搭配与组合，通过强烈的色彩对比使整体造型更加时尚、个性化。
- 不同材质的元素排列方式并无规律可循，这样自由的设计手法使作品看上去更加轻松自然。

7.6 通透的留白效果增强设计感

对于珠宝首饰设计而言，留白是指在设计的过程中协调而又刻意留下的空白的位置，摆脱了呆板与千篇一律的局部形式，使珠宝首饰的佩戴效果更加通透自然。

这是一款耳环的设计作品。

● 将整体造型设置为泪滴的形状，并在中心区域设置一根纯银材质的直线线条作为固定装置，其余部分的镂空效果使整体元素看上去更加轻盈。
● 底部珍珠元素的点缀起到了画龙点睛的作用，使其更加精致、优雅。

这是一款耳环的设计作品。

● 将蝴蝶结的内侧留白，打造出轻巧、通透的装饰效果。
● 镀金黄铜和施华洛世奇珍珠材质结合，凸显精致且充满质感。
● 将蝴蝶结设置为曲线形式，增强了装饰效果的浪漫、简约之感。

这是一款吊式耳环的设计作品。

● 以圆环为主要设计元素，并通过镀金金属材质的小圆环将每两个相邻的大圆环进行连接，打造出工整而又充满设计感的装饰元素。
● 在每一个大的圆环之上都规整地镶嵌着施华洛世奇水晶进行装饰与点缀，使整体效果规整而又精致。

7.7 晕彩效果的合理运用梦幻而又独特

晕彩效果的呈现实际上是一种特殊的光学现象，将其应用于珠宝首饰设计当中，能够进一步提升视觉审美效果，从而起到提升商业价值的作用。

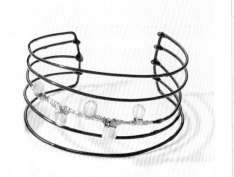

这是一款装饰手环的设计作品。

● 以月光石为主要装饰材质，由于其独特的属性而产生晕彩效果，使手环看上去更加梦幻、优雅。
● 通过环形的构成样式打造出更加生动、丰富的装饰效果。

这是一款钻石的设计作品。

● 以夜光玫瑰切割拉长石为主要设计元素，晕彩效果的变幻使其看上去更加高贵、迷人。
● 在左上方设置一颗单独的钻石对整体进行装饰，起到画龙点睛的作用。
● 将主体的装饰元素镶嵌在 22 K 的金质戒托中，纯手工的制作方式使其更加独特。

这是一款耳环的设计作品。

● 将彩虹月光石以花瓣的形式镶嵌在金属盘之上，变幻的晕彩效果美妙而又梦幻，使装饰效果更具个性化与艺术感。
● 该作品以圆形为主要设计元素，创造出更为优雅、柔和的装饰效果。

7.8 爪镶的镶嵌方式尽显宝石特色

爪镶是一种宝石的镶嵌方式，指用金属抓手牢牢地抓住宝石，将其固定，适用于各种形态的宝石，应用范围十分广泛。在该种镶嵌方式下，由于镶口的四周呈开放式，因此会使被镶嵌的宝石更加完美地呈现在受众眼前。

这是一组戒指的设计作品。

● 除了中间那枚花朵样式的戒指以外，其余两枚戒指均采用爪镶的镶嵌方式，将珠宝大面积地呈现在受众的眼前，更能凸显戒指的特色与魅力。
● 通过简洁的设计风格彰显出佩戴者的温柔与知性。

这是一款耳环的设计作品。

● 该作品利用黄铜材质将圆形的石英石以爪镶的方式进行镶嵌，使石英石的纹路和气质尽可能地展现在受众的眼前。
● 石英石材质经过抛光处理，凸显了弧形的形状，与耳环的环形装饰物相互呼应，打造出精致、柔和的装饰效果。

这是一款耳环套装的设计作品。

● 该作品无论大、小宝石，均采用爪镶的镶嵌方式，规整而又统一的镶嵌形式避免了喧宾夺主的视觉效果，将人们的视线集中于展示元素之上。
● 将大颗的宝石设置在中心区域，前后两侧设有多颗小宝石进行装饰，获得了众心捧月的视觉效果。

7.9 独特的造型更具个性化

在珠宝首饰设计中，除了要选用有特色的、美观的展示材质以外，还可以通过独特的造型将珠宝首饰进行个性化的呈现，以获得丰富且充满设计感的装饰效果。

这是一款耳环的设计作品。

● 该作品以六角星为主要的设计形式，将两颗六角星进行连接，增强作品的纵深感，拉长佩戴者的颈部线条，尽显优美与性感。
● 施华洛世奇水晶与镀铑黄铜材质搭配，闪闪发光的水晶材质搭配清新独特的造型，尽显设计感。

这是一款耳环的设计作品。

● 将耳环设置为花朵的样式，通过外观造型带来浓郁的美感，打造出清新而又优雅的装饰效果。
● 向内凹陷的造型突出该装饰元素的内敛含蓄之感，使其看上去更加温婉迷人。
● 18K 镀金黄铜和珐琅材质的搭配，增强了元素的光泽感，使其更具艺术气息。

这是一款耳环的设计作品。

● 该作品采用返璞归真的设计手法，以简单的贝壳造型为主体设计元素，并在贝壳的上方镶嵌白色珍珠作为装饰，通过视觉对受众进行心理暗示，增强了元素之间的关联性。
● 水晶材质的加入获得了优雅而又精致的点缀效果。

7.10 小颗钻石的纹镶手法凸显精致与高贵

纹镶是指将小颗钻石以独立的或是成排的方式进行镶嵌。通常情况下,这种镶嵌方式会使珠宝首饰更具造型感,同时也会因为钻石镶嵌部分的独特和对比效果而使其更具吸引力。

这是一款吊式耳环的设计作品。

- 该作品将玻璃水钻以独立的形式平铺在黄铜材质的表面之上,这种对于小颗钻石纹镶的设计手法使其看上去更加整体化、精致化。
- 吊式耳环的设计形式,环环相扣,使装饰效果更加活跃生动。

这是一款吊坠项链的设计作品。

- 在弧形的装饰元素上采用纹镶的镶嵌手法,将小颗钻石紧密且有序地随着弧形的造型进行镶嵌,通过钻石的加入与装饰使其看上去更加优雅、精致。
- 该作品通过不同元素尺寸的大小来突出主次,左、中、右三种元素由于其中间区域的元素所占比例较大,因此更加抢眼。

这是一款耳环的设计作品。

- 该款作品以心形为主体造型,在镀金黄铜材质的表面以纹镶的方式将宝石进行镶嵌,形成规整而又精致的装饰效果。
- 水晶点缀在这些精致的心形耳钉上,散发出甜美而闪亮的气息。

7.11 小巧精致的珠宝首饰起到画龙点睛的作用

小巧而又精致的珠宝首饰设计，虽在大小尺寸上不占有绝对的优势，但是在不影响整体风格的情况下，能够对造型起到画龙点睛的作用，使装饰效果得到升华。

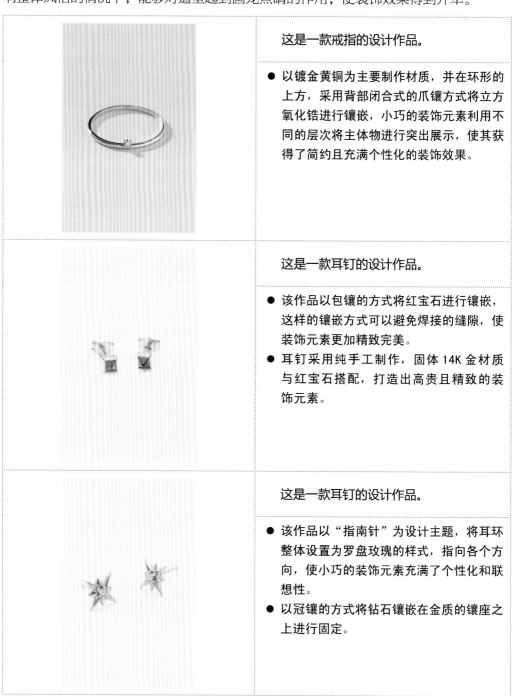

这是一款戒指的设计作品。

● 以镀金黄铜为主要制作材质，并在环形的上方，采用背部闭合式的爪镶方式将立方氧化锆进行镶嵌，小巧的装饰元素利用不同的层次将主体物进行突出展示，使其获得了简约且充满个性化的装饰效果。

这是一款耳钉的设计作品。

● 该作品以包镶的方式将红宝石进行镶嵌，这样的镶嵌方式可以避免焊接的缝隙，使装饰元素更加精致完美。
● 耳钉采用纯手工制作，固体14K金材质与红宝石搭配，打造出高贵且精致的装饰元素。

这是一款耳钉的设计作品。

● 该作品以"指南针"为设计主题，将耳环整体设置为罗盘玫瑰的样式，指向各个方向，使小巧的装饰元素充满了个性化和联想性。
● 以冠镶的方式将钻石镶嵌在金质的镶座之上进行固定。

7.12 相同色系的配色方案更加整体化

相同色系是指色相相同，在明度和纯度上稍加变化所得到的色彩。将同色系的配色方案应用到珠宝首饰设计当中，更容易营造出和谐统一之感，同时也使整体的装饰效果更富有韵律和层次感。

这是一款项链的设计作品。

● 该作品同时选用了黄色系和绿色系的配色方案对项链进行色彩上的装饰，打造温和平静，且带有一丝复古风情的装饰效果。

● 绒面革由特色麂皮制成，为整体效果带来了较强的质感和艺术感。

这是一款耳环的设计作品。

● 该作品采用蓝色系的色彩对元素进行装饰，配以少许的白色作为点缀，通过色彩的搭配打造出清爽而又梦幻的装饰效果。

● 在圆形的基础上设有向内凹陷的造型，使整体的装饰效果更具设计感。

这是一款吊坠项链的设计作品。

● 该作品以绿色为主色调，通过不同的明度、纯度，和黑色的搭配，打造出浓郁而又富有高贵和神秘气息的装饰元素。

● 金属和石英石的组合搭配使作品更加别具一格。

7.13 深邃浓郁的色彩尽显高贵感

通常情况下，纯度较高、明度较低的色彩会给人一种深邃而又浓郁的视觉体验，将这种色彩应用于珠宝首饰设计当中，更容易衬托出佩戴者的高雅与尊贵。

这是一款耳环的设计作品。

● 以施华洛世奇水晶为主要材质，中心区域墨绿色调的水晶使整体风格更加高雅、精致。
● 以墨绿色的钻石为中心，周围镶嵌着纯色的小钻石作为点缀，形成众星捧月的饱满结构。

这是一款吊饰耳环的设计作品。

● 墨绿色调的施华洛世奇水晶由于其通透的材质和精致的切割方式，形成深浅不一的色彩变化效果，使其看上去更加深邃、梦幻，从而打造出高贵而又独特的装饰效果。
● 纯手工打造的吊式耳环采用爪镶的镶嵌方式，尽可能展现出的宝石使装饰效果更加魅力四射。

这是一款手镯的设计作品。

● 该作品以红色为主色调，低饱和度的色彩沉稳而又内敛，与银色和淡淡的紫色调搭配，使整体效果更加优雅、知性。
● 以氧化银和玻璃晶体为主要制作材质，纯手工打造的装饰品使其更加独特。

线条元素是设计中常见的应用元素之一，我们大致可将它分为直线线条和曲线线条两种，不同样式的线条所营造出的视觉效果各不相同，例如在珠宝首饰设计的过程当中，曲线线条的应用会使元素看上去更加柔和，创造出温婉动人的装饰效果。

这是一款吊坠项链的设计作品。

- 不论是吊坠还是链式结构，均以曲线线条进行装饰与设计，使装饰元素看上去更加优雅、高贵。
- 该元素由电镀金属、立方氧化锆和淡水珍珠共同打造，通过带有金属光泽的金色调创造出更加大气、美妙的装饰效果。

这是一款耳环的设计作品。

- 将耳环设计成"回形针"的样式，摒弃了过多的装饰元素，以鲜明而又简约的曲线轮廓打造出温婉而又充满个性化的装饰效果。
- 整体采用镀金金属材质，使其看起来简约而又大气。

这是一款耳环的设计作品。

- 该作品以曲线为主要设计元素，环形、球体和心形的造型无一不使装饰元素更加温婉、柔和。
- 将金属、淡水珍珠、玻璃和立方氧化锆材质结合起来，搭配底部的晕彩效果，使整体造型更具艺术感。
- 吊式耳环的设计形式，通过饱满的结构使其更具层次感。

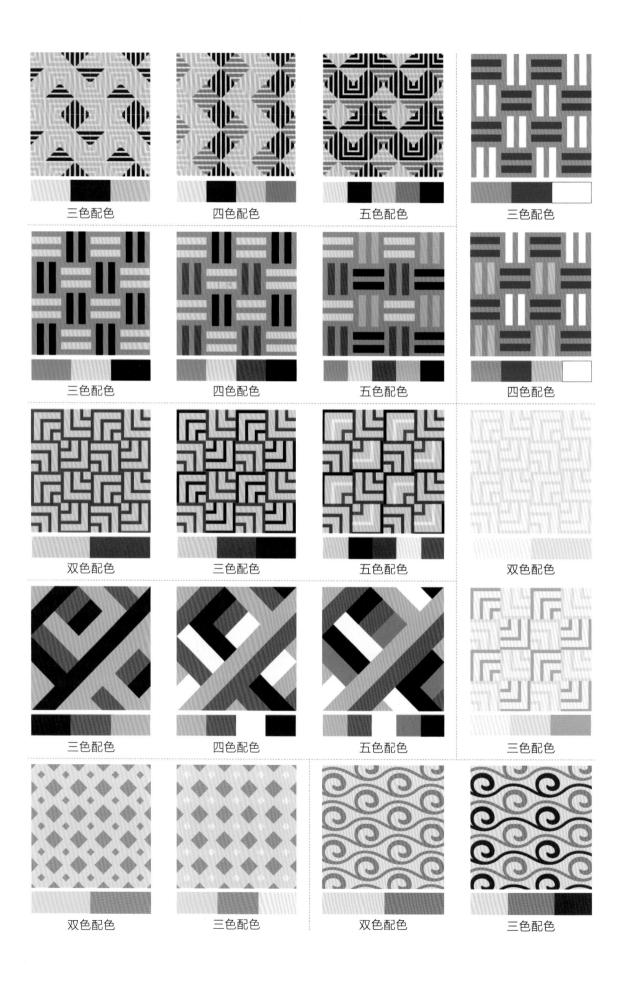

三色配色　　　　　四色配色　　　　　五色配色　　　　　三色配色

三色配色　　　　　四色配色　　　　　五色配色　　　　　四色配色

双色配色　　　　　三色配色　　　　　五色配色　　　　　双色配色

三色配色　　　　　四色配色　　　　　五色配色　　　　　三色配色

双色配色　　　　　三色配色　　　　　双色配色　　　　　三色配色

图形创意设计手册

平面广告设计手册

品牌形象设计手册

商业广告设计手册

海报招贴设计手册

APP UI 设计手册

VI与标志设计手册

版式设计手册

书籍装帧设计手册